露天煤矿碳排放量核算及碳减排途径研究

张振芳　著

知识产权出版社
全国百佳图书出版单位

图书在版编目（CIP）数据

露天煤矿碳排放量核算及碳减排途径研究/张振芳著. —北京：
知识产权出版社，2016.10

ISBN 978 – 7 – 5130 – 4492 – 9

Ⅰ.①露… Ⅱ.①张… Ⅲ.①煤矿开采—露天开采—二氧化碳—
减量化—排气—研究—中国 Ⅳ.①X511 ②TD824

中国版本图书馆 CIP 数据核字（2016）第 231392 号

责任编辑：国晓健　　　　　　　　　　责任校对：谷　洋

封面设计：臧　磊　　　　　　　　　　责任出版：卢运霞

露天煤矿碳排放量核算及碳减排途径研究

张振芳　著

出版发行：	知识产权出版社 有限责任公司	网　　址：	http：//www.ipph.cn
社　　址：	北京市海淀区西外太平庄 55 号	邮　　编：	100081
责编电话：	010-82000860 转 8385	责编邮箱：	guoxiaojian@ cnipr.com
发行电话：	010-82000860 转 8101/8102	发行传真：	010-82000893/82005070/82000270
印　　刷：	北京中献拓方科技发展有限公司	经　　销：	各大网上书店、新华书店及相关专业书店
开　　本：	787mm×1092mm　1/16	印　　张：	13.5
版　　次：	2016 年 10 月第 1 版	印　　次：	2016 年 10 月第 1 次印刷
字　　数：	250 千字	定　　价：	42.00 元

ISBN 978-7-5130-4492-9

前　言

在低碳经济背景下，露天煤矿积极开展了低碳项目，目前露天煤矿的节能减排已取得良好的低碳效益。但露天煤矿碳排放水平并无量化研究，对露天煤矿的低碳发展起了制约作用。本书对露天煤矿碳排放量核算方法和碳减排途径进行研究。

笔者通过对露天煤矿生产过程的分析，认为露天煤矿主要有五个碳排放源：直接源燃油（柴油、汽油）、炸药、逸散、自燃和间接源电力。炸药指爆破引起的碳排放；逸散指由于开采活动对煤层结构造成破坏导致赋存的温室气体释放到大气中；自燃指采煤工作面和排土场中的煤自燃引起的碳排放。在目前已有相关研究的基础上，分别给出了燃油、炸药、逸散、自燃和电力的碳排放因子。基于炸药的基本原理，明确了炸药碳排放因子计算方法：碳平衡法和B-Wilson法，并计算了露天煤矿中常用炸药的碳排放因子。

本书分别以能源消耗和露天开采生产环节为主线，构建了露天煤矿碳排放量初步核算模型和基于生产环节的露天煤矿碳排放量核算模型。露天煤矿碳排放量初步核算模型按照五类碳排放源构建；基于生产环节的露天煤矿碳排放核算模型按照以生产环节为主、初步核算模型为辅的原则，分为穿孔、爆破、采装、破碎、运输、排土、辅助、逸散、自燃九个部分构建。

采用基于露天煤矿碳排放量初步核算模型，结合安家岭、黑岱沟、伊敏河、布沼坝等国内具有代表性的露天煤矿统计数据和采用的开采工艺系统，分析了六种生产工艺系统的碳排放水平。同时，通过情境假设法应用基于生产环节的露天煤矿碳排量核算模型比较不同工艺系统的碳排放水平。所得结论为：剥离环节为单斗—卡车工艺时，采煤环节的碳排放水平由高到低为坑底自移半连续工艺、单斗—卡车工艺、坑底破碎和地面破碎半连续工艺、端帮破碎半连续工艺、地面破碎半连续工艺。单斗—卡车工艺优于部分半连续工艺的原因是碳排放核算中计入了电力间接碳排放源；运输环节和采装环节是露天煤矿碳排放量的最大来源，约占总量的80%。

当温室效应累积年限不同时，政府间气候变化报告中三种主要温室气体的全球增温潜势值不同，以 2010 年安家岭露天煤矿为例，核算当累积年限分别为 20 年、100 年和 500 年时的碳排放量，表明累积年限对露天煤矿碳排放量的影响较弱，不超过 1%。在此基础上研究了基于时效性的露天煤矿碳排放量核算方法，将温室效应分摊到存留期内，得到对应的计算公式。与传统方法相比，很好地反映了温室效应的时效性。仍以安家岭为例，应用时效性方法所得 n 年碳排放量小于传统方法所得值。

最后，提出了露天煤矿碳减排的主要途径，包括工艺转型、节电节油、降低柴油和电力碳排放因子等。针对剥离环节为单斗—卡车工艺，采煤环节为单斗—卡车工艺和四种不同形式的半连续工艺，对工艺、电力、柴油三类碳减排途径的碳减排量进行了核算和分析，对露天煤矿的低碳发展有良好的指导价值。

本书是集体研究的成果，感谢中国矿业大学姬长生教授、李小林老师、韩流博士、周爽硕士、姚国栋硕士等的帮助，感谢山西大学田新豹老师。同时感谢在参考文献中列出的以及没有列出的所有给予我启发的研究成果的专家学者！

本书从两个角度提出了露天煤矿碳排放量核算方法，并进行了应用研究，首次提出基于时效性的露天煤矿碳排放量核算方法，并且提出了露天煤矿的碳减排主要途径。鉴于研究者的水平所限，书中错误之处在所难免，欢迎同行及读者提供宝贵的意见，请与我联系，电子邮箱为：zhangzhenfang@ sxu. edu. cn。

张振芳

2015 年 12 月 25 日

目　录

1 导 论

1.1 研究背景及意义

1.1.1 研究背景

我国是一个以煤炭为主的能源消费大国。产煤基地作为我国煤炭产业链的最上游,不可避免地成为能源结构低碳化、煤炭清洁利用过程中的重要一环。

随着世界经济的快速发展以及全球人口的不断增加,人类生活中大量消耗的煤炭、石油和天然气等燃料,破坏了生物圈中碳循环的平衡。[1] 在引起全球气候变暖的诸多因素中,人类活动所产生的碳排放量不断增加是最主要的一个。因此,未来能源发展的方向将是清洁、多元和可持续,在发展经济的同时更要减少温室气体排放和减缓全球气候变暖。人类进入 21 世纪第二个十年,世界关注的焦点集中到碳减排这一话题。哥本哈根会议使"低碳经济"的理念再次引起全球关注,低碳经济成为新的经济发展模式,并终将演变成为全球经济社会发展格局的新规则。[2] 中国政府在 2009 年 12 月的哥本哈根气候变化峰会上首次宣布温室气体减排清晰量化目标,到 2020 年单位 GDP 的二氧化碳排放比 2005 年下降 40% ~ 45%,作为约束性指标纳入国民经济和社会发展中长期规划,并制定相应的国内统计、监测、考核办法。[3] 在中国"十二五"规划纲要中,单位 GDP 的二氧化碳排放量降低 17% 也被指定为约束性指标。[4] 为了更好地完成中国官方承诺的碳减排目标,需要全社会各个行业的积极参与。工业企业是温室气体减排的实施主体,如何科学有效地对工业企业的碳排放进行量化核算,进而加强其温室气体管理,降低温室气体排放强度,直接关系到我国碳强度减排目标的实现,也必将会对目标的如期完成起到极大的保障作用。碳排放量核算是一个非常复杂的研究领域,要完成目标首先要有一个科学的碳排放量核算方法，因此，碳排放量的核算研究显得非常重要。

尽管《京都议定书》（见附录 1）并未规定发展中国家具体的减排义务，但却同样提出了一定的要求。其中，议定书的第 10 条、第 11 条等相关条目是专门针对发展中国家的，旨在督促这些国家制定国家规划或区域规划，以改进排放温室气体的因素、数据和模式。我国作为《京都议定书》的缔约方只是暂时不需要像多数发达国家那样承担具体的减排指标，而实际上，我国也已开始承担该议定书规定的全球控排温室气体的所有缔约方都应承担的普遍性义务。

随着近年来一系列国际性会议、双边会晤、多边合作等活动的举行，气候变化已经成为主要的国际性议题。国际对全球气候变化的关注及采取的应对措施已形成一种不断发展演化并日趋严格完善的国际制度架构。在不久的将来，中国将不可避免地承担其中相应的二氧化碳减排义务。在最近几次全球气候大会谈判上，发达国家要求发展中国家特别是中国承担二氧化碳减排的呼声越来越高。

近年来，我国能源消费量和温室气体排放量都呈现大幅迅速增长。根据国际能源机构（International Energy Agency，IEA）的统计，1980—2006 年我国化石燃料燃烧产生的二氧化碳排放的平均增速达到 5.73%，特别是 2001 年后增速更为迅猛，平均每年增速超过 10%，2006 年我国温室气体排放量达到 60.2 亿吨。2001—2006 年的这 6 年中，中国的排放增长占全球排放增长的 58%。根据 2008 年荷兰环境评价部的研究报告，在 2007 年，中国的二氧化碳排放量为 62 亿吨，已经超过了美国，成为世界上最大的温室气体排放国。

随着国际社会空前关注碳减排问题，煤炭行业也受到很多的诟病。[5]《BP 世界能源统计 2009》报告所提供的数据显示，我国一次能源结构中，煤炭占 70.2%，位居世界首位，由此引发的二氧化碳过量排放问题不容忽视。目前我国 75% 的二氧化碳和 90% 的二氧化硫等温室气体都是由煤炭生产与消费导致，因此煤炭再一次被推到了能源革命的前台。[6] 我国已成为世界第一产煤大国。[7] 煤炭本身就是高碳能源，但是煤炭开采、分选、加工和利用全过程都存在直接或者间接的碳排放。[8] 从这个角度看，在我国大力提倡能源开发利用过程的低碳化，不仅内涵明确，而且是实现温室气体减排目标的科学手段。

煤炭行业在完成我国承诺的碳减排目标中起着很重要的作用。[6] 露天煤矿的开发与建设是我国"十一五"期间建设 13 个大型煤炭基地的重要组成部分。"十一五"期间，重点建设 10 个千万吨级现代化露天煤矿，[9] 已经建成和正在建成的有：神华哈尔乌素露天矿、大唐国际胜利东二号露天矿、神华准东露天矿、鲁能宝清露天矿和平朔东露天矿、特变电工天池能源南露天矿、准东奥塔乌克日什露天煤矿等。《中国节能技术政策大纲》中明确要求"新建矿山，在采矿技术和经济条件允许的情况下，优先采用露天开采"。随着新疆和内蒙古大型煤炭基地的不断建设，会有更多的矿体适合露天开采，将会为我国经济建设做出更大的贡献。

本书选取露天煤矿作为主要研究对象，主要研究内容包括露天煤矿的碳排放量核算模型的构建，不同生产工艺露天煤矿的碳排放量核算和对比，露天煤矿基于时效性的碳排放量核算研究和露天煤矿降低碳排放量的实现途径。

1.1.2 研究意义

作为世界上最大的煤炭生产与消费国家，煤炭在我国能源生产和消费结构中，一直占据绝对性主导地位。煤炭产量和消费量总体上一直保持持续、快速增长。2013 年，煤炭占我国能源生产的比例一直维持在 71.64%。虽然煤炭占能源消费总量的比重逐年降低，但是 2013 年仍然高达 59.36%。未来较长一段时期内，我国以煤炭为主的能源生产和消费格局，仍难以改变。对于露天煤矿碳排放量核算的研究，一方面可以从理论上探究国家利益与企业利益的结合点，寻找量化处理的方法；另一方面也可以在实际应用中，使露天煤矿对自身低碳经济的发展水平有准确、客观的了解，使政府便于制定相关的宏观政策，企业明确自己发展低碳经济的优点和不足，从而能够采取更合适的措施，以便从源头上减少碳排放。

相关资料显示，我国已经成为世界二氧化碳排放大国之一。[10] 按照目前的二氧化碳排放增长速度，下一步很有可能成为国际社会一致要求严格承担减排任务的对象，我国控制二氧化碳排放的任务将是十分繁重的。对此，必须要有清醒的意识和前瞻的安排。对于温室气体排放量的核算是我们实现官方承诺目标的第一步，建立自己的温室气体核算体系是非常重要的。无论为了以后的国际对话，还是为了使我们能够比较清晰地认识到煤炭产业在降低温室气体排放中的重点研究方向，温室气体排放量的核算都非常重要。

1.1.2.1 为中国在未来碳排放的国际谈判中提供量化依据

作为世界上最主要的碳排放国之一，中国的碳排放变化引起了世界各国的重视，[11-13] 使中国在国际气候谈判中面临较大的政治压力。在减缓碳排放量方面，我国目前面临着国际谈判压力和国内经济发展而产生的双重压力。目前我国暂无碳排放量的直接监测数据，全国性的报告机制正在建立之中，因此大部分的测算研究或是基于能源消费量，或是依据国外研究机构发布的数据。国内的研究数据一般采用美国二氧化碳信息分析中心（CDIAC）、荷兰环境评价机构（MNP），以及美国能源部能源信息署（EIA）公布的数据。因此，对中国露天煤矿的碳排放进行科学的定量核算，有助于了解露天开采行业碳排放状况，为基于不同行业或部门的低碳经济规划战略的制定提供科学依据。[14]

1.1.2.2 为完善"十二五"规划中的温室气体排放统计核算制度提供参考依据

"十二五"规划中提出建立完善温室气体排放统计核算制度，对于露天煤矿碳排放量核算的研究也是其中的一个部分。煤是碳的最主要载体。煤炭长期、有力地保障着我国经济社会的发展繁荣，不论现在和将来，煤炭都是中国的主要能源，与煤炭有关的温室气体排放量估算的准确性，对中国温室气体排放量估算的准确性影响很大，与国家利益息息相关。[15]同时也为露天行业的温室气体排放统计提供参考，对促进露天煤矿节能减排，发展循环经济，探索低碳运行模式有非常现实的意义。

1.1.2.3 为露天煤矿行业的碳排放量核算提供理论基础

在露天煤矿的温室气体排放方面，只有像美国、澳大利亚这样的矿业大国开始了一些研究，但研究视角各异，侧重各不相同，且大多处在实验室研究阶段。虽然国内温室气体排放方面的研究也很活跃，但几乎全部集中在电力、钢铁、水泥等化石燃料高消费的工业领域以及农林牧业，却忽视了作为主要化石燃料生产行业采矿业本身的温室气体排放问题。煤炭在 2010 年分别占一次能源生产和消费总量的 76.5% 和 68%。2010 年生产 212 279.7 万 t 标准煤，而露天煤矿生产了 19 286.1 万 t 标准煤，约占总产量的 9.08%。[16]所以基于露天煤矿作为主体的研究是具有现实意义的。现有露天矿环境方面的研究多侧重于对露天矿造成的环境污染和生态环境的破坏，或是节能减排的研究，对于露天矿温室气体排放的核算研究几乎空白。因此，对露天煤矿碳排放量的核算模型进行研究，并尝试研究将时间因素加入后的碳排放量核算，将为整个露天煤矿行业的碳排放量核算提供基础理论。

1.1.2.4 为露天煤矿的碳减排途径指明方向

由于目前对露天矿的温室气体排放还没有全面系统的估算，因此所提出的减排措施也有失科学性和全面性。对于露天煤矿低碳核算的研究，可以使露天煤矿行业对其碳排放源，尤其是特别需要重点关注的碳排放源有更为清晰的认识，为节能减排和露天煤矿的低碳发展提供量化依据。通过对露天煤矿碳排放量核算的研究，对露天煤矿的碳排放源有更深刻的理解，能够找到露天煤矿最主要的碳排放源，进而为露天煤矿的碳减排途径指明方向，提出的碳减排措施更有针对性。

要有效控制碳排放，首先需要一个正确的核算方式，进而能够找到主要的碳排放源，才可以更有针对性地通过节能减排、技术改造等措施来降低温室气体排放。因此，碳排放量核算的研究是非常重要的。其目的并非精确核算碳排放量，而是能够为露天煤矿行业的碳排放量核算提供一种方法，能够了解其碳排放水平，并通过核算找到主要的碳排放源，从而能更好地采取针对性措施。目前我国碳排放量核算体系还未建立起来，对于各行各业的碳减排工作，尤其是企业进行碳排放核算是其中一项必需的基础工作。对于铝业、水泥业等行业已有相关碳排放量核算的研究，对于煤炭开采尤其是露天煤矿碳排放量核算的研究非常少，因此本书针对露天煤矿的碳排放量核算的研究是非常有意义的。[17,18]

1.2　研究现状及文献综述

本书的研究对象为露天煤矿，研究重点为露天煤矿的碳排放量核算和碳减排途径。对于温室气体的减排称为碳减排。低碳，指较低（更低）的温室气体（二氧化碳为主）排放。[19]其含义是，为维持生物圈的碳平衡，抑制全球气候变暖，需要降低生态系统碳循环中的人为碳通量，通过减少碳源改善生态系统的自我调节能力。[20]低碳经济是以低能耗、低污染、低排放为特征的经济发展模式，其实质是建立新的产业结构和能源结构。[21]低碳经济的关键环节是温室气体长期减排和经济社会的可持续发展，核心是发展清洁低碳能源技术，建立低碳经济增长模式和低碳社会消费模式。可以说，低碳经济是继农业文明、工业文明之后的又一次重大进步。低碳经济最早见之于政府文件是在 2003 年的英国能源白皮书《我们能源的未来：创建低碳经济》[22]。书中指出，低碳经济是通过更少的自然资源消耗和更少的环境污染，获得更多的经济产出。低碳经济之所以被认为是未来经济最有希望的增长点，就是因为它具有明显的节能减排、刺激经济、促进就业三方面的效应。目前碳排放量核算主要以能源消耗为基础，尚缺乏对生产过程消耗的细分。本书将从露天煤矿生产工艺系统和生产环节的角度研究其碳排放量的核算。

1.2.1　温室气体排放国内外现状

随着 2009 年哥本哈根会议、2010 年坎昆会议的召开，低碳受到了越来越多的关注。低碳是在人类温室效应及全球气候变暖问题日趋严重的背景下提出的。随着全球气候变暖给人类环境和自然生态带来的影响日益严重，人们逐渐认识到，必须改变高碳模式。2008 年的世界环境日主题定为"转变传统观念，推行低碳经济"，更是希望国际社会能够重视并采取措施使低碳经济的共识纳入决策之中。2010 年中国的世界环境日主题为"低碳减排，绿色生活"，也体现了我国对低碳发展的重视。伴随着温室效应、气候变暖的日趋严重，我国对低碳经济的关注也越来越多。自 1990 年以来，人们对确定和量化温室气体排放的兴趣越来越大，已了解其对全球大气的影响，并开始更好地了解不同温室气体的来源及影响。当前的碳排放量是通过诸多方法确定的，包括宏观模型、直接测量、计算和估算。随着时间的推移和经验的增加，对每一种方法的准确性、价值和适用性的了解也在增加。

1.2.1.1 碳排放国外研究现状

自 20 世纪 90 年代以来，美国东西方研究中心先后在印度、泰国、中国等发展中国家进行了一系列关于温室气体和污染物排放因子方面的实验。研究表明，《IPCC 国家温室气体清单编制指南》（以下简称《IPCC 指南》，书中所介绍的方法简称为 IPCC 方法）是一个动态的但未充分考虑不同国情的参考材料，其推荐值不能如实反映发展中国家二氧化碳排放的具体情况。早期有关中国温室气体排放量估算的研究由于缺乏合适的数据和准确的排放因子，造成估算结果各异。因此，合理选择与我国国情相适应的能源数据和相对准确的二氧化碳排放因子，是当前全球变化与能源研究领域共同关注的焦点之一。[23]

2007 年 12 月 12 日，在印度尼西亚巴厘岛，联合国气候变化大会召开。该次会议旨在拟定"巴厘岛谈判路线图"，使 2012 年《京都议定书》第一承诺期结束后的减排工作能顺利进行。为了缓解当前气候变暖的严峻形势必须谋求实现二氧化碳减排已经成为各方共识。

2009 年 12 月 7 日，在丹麦首都哥本哈根 Bella 中心召开《联合国气候变化框架公约》缔约方第 15 次会议，最终，会议达成了不具法律约束力的《哥本哈根协议》。中国政府首次宣布温室气体减排清晰量化目标，到 2020 年单位 GDP 二氧化碳排放比 2005 年下降 40% ~45%。

2010 年 11 月 29 日至 12 月 10 日在墨西哥坎昆召开《联合国气候变化框架公约》第 16 次缔约方大会和第 6 次《京都议定书》成员国大会。在未来国际气候制度构建方面，提出设立每年进行全球气候变化问题公投，倡议设立国际气候法庭，监督《联合国气候变化框架公约》的执行情况。

国际上二氧化碳减排主要有三种方案：一是节约用能，提高能源利用率和转换率；二是采用燃料替代，大力发展低碳的化石燃料、核能、可再生能源和新能源；三是从化石燃料的利用中分离和回收二氧化碳并加以封存。[24]

当前，国际上有关低碳经济研究的主要内容有：能源消费与碳排放，包括与碳减排有关的能源消费结构的转换和低碳排放能源系统的建立；经济发展与碳排放，主要探讨不同经济发展模式、阶段、速度与碳排放的关系；农业生产与碳排放，包括土地利用变化、农业土地整治、农业生产水平与结构的变化等；碳减排的经济风险分析与减排对策研究等。

2003 年 2 月，全美几大工业部门和美国商业圆桌会议成员承诺，与能源部、环保署、交通部和农业部积极合作，在未来 10 年内共同至力于温室气体减排事业，达成了应对气候变化的共同愿景。参与该伙伴项目的工业部门包括：石油和天然气、交通运输、精炼、发电，煤炭和采矿、制造业（汽车、水泥、钢铁、镁、铝、化工和半导体）、铁路和林业等。尽管美国布什政府于 2001 年 3 月宣布退出《京都议定书》，但美国却十分重视节能减排。早在 1990年，就实施《清洁空气法》，2005 年通过《能源政策法》，2007 年 7 月美国参议院提出了《低碳经济法案》，将低碳产业作为重振经济的战略选择。随着奥巴马政府上台，在应对气候变化问题上的态度更加主动，开发清洁能源、应对气候变化、向绿色经济转型，成为其执政的重大议程之一。2009 年 6 月 28 日，美国众议院通过了《清洁能源和安全法案》。这是美国第一个应对气候变化的一揽子方案，内容涵盖了国家战略、碳技术、能源效率、减缓全球气候变暖、碳市场保障等十几个层面的内容。不仅设定了美国温室气体减排的时间表（到 2020 年温室气体排放量在 2005 年基础上减少 20%，到 2050 年减排83%），加大了对发展低碳经济的补贴和投资，还设计了排放权交易。试图通过市场化手段，以最小成本来实现减排目标。

英国是世界上发展低碳经济最积极的倡导者和实践者，也是先行者。作为第一次工业革命的先驱，英国政府在 2003 年的能源白皮书中，系统地阐述了低碳经济发展的战略构想，声称到 2050 年前完成减排至少 60% 的目标。通过发展、应用和输出低碳技术，创造新的商机和更多的就业机会，从根本上把英国变成一个低碳经济国家。2008 年颁布实施的《气候变化法案》使英国成为世界上第一个为温室气体减排目标立法的国家，并成立了相应的能源和气候变化部。2009 年 7 月 15 日，英国政府又公布了《英国低碳转型计划》，提出了到 2020 年将碳排放量在 1990 年基础上减少 34% 的具体规划，阐述了将要采取的措施。计划内容涉及能源、工业、交通和住房等多个方面，这标志着英国推动经济向低碳转型又迈出具有实际意义的一步。通过实施气候变化税（CCL）

制度、设立碳基金、推出气候变化协议（CCA）、规范排放贸易机制等一系列激励机制，英国低碳经济的发展取得了明显成效，达到了《京都议定书》规定的减排目标，走出了一条崭新的可持续发展之路。

德国承诺到 2020 年，在 1990 年水平上减排二氧化碳40%。为达到这一目标，德国政府实施气候保护高技术战略，将气候保护、减少温室气体排放等列入其可持续发展战略中，并通过立法和约束性较强的执行机制制定气候保护与节能减排的具体目标。从 1977 年至今，相继出台了 6 期能源研究计划，以能源效率和可再生能源为重点，大力提供资金支持。另外，德国政府利用征收生态税、鼓励企业实行现代化能源管理、推广"热电联产"技术、实行建筑节能改造等手段提高能源使用效率，促进节能减排。政府还将发展可再生能源和低碳技术作为战略重点，减少碳排放，促进可持续发展。[25] 德国联邦内阁于 2011 年通过了第六能源研究计划。该计划规定了德国政府未来几年在创新能源技术领域资助政策的基本原则和优先事项，是德国政府能源和气候政策的补充。2011 年至 2014 年德国政府将为该研究计划拨款 34 亿欧元。

意大利政府在发展低碳经济时将重点放在可再生能源和新能源的开发和利用上。制订了一系列旨在发展可再生能源、提高能源效率、减少主要能源生产和消耗领域二氧化碳排放的政策措施。1999 年通过立法的形式开始实行"绿色证书"制度，即要求电力生产商或电力供应商在其电力生产或电力供应中必须有一定比例的电量来自可再生能源发电，经国家电网管理局认可后颁发证书。实质上这是一种促进可再生能源发展的配额制度。2005 年为减少能源消耗采用了"白色证书"制度，是对能源企业提高能源效率的一种认证，企业必须申请"白色证书"。对于达到节能目标的企业，政府将给予一定的经济奖励，否则将受到经济处罚。2007 年及新近出台的 2015 法案中关于能源的一揽子计划以及向欧盟提出的能源效率行动计划等，都是通过节能减排的政策措施鼓励和引导新能源技术开发，促进低碳经济的发展。上述一系列举措表明了意大利政府既要履行减排承诺，又希望保持工业发展和经济增长优势的双重战略目标。

日本政府提出利用市场机制，对二氧化碳进行定价，引入排放权交易制度、碳抵消、碳会计制度，创新税收系统，研究"地球环境税"等相关课题。日本低碳经济发展思想最初可以追溯到 20 世纪 70—80 年代，出于对能源短缺的恐惧和国家安全的需要，日本政府和国民很早就把节能技术和新能源技术作为国家重点发展的产业。日本于 2008 年正式提出构建低碳社会的战略构想，并陆续出台一系列政府规划，对具体的目标和推进措施进行了阐述。日本政府和国民共同行动，致力于本国低碳经济的发展。通过大力研发低碳节能技术和不断调整相关政策法规，低碳节能效果已开始在一些领域显现。为了控制温室气体的排放，从 2009 年起，日本开始试行"碳足迹"标示制度，即将一项产品或服务在原料调配、制造、流通/销售、使用、废弃/回收 5 个阶段排出的温室气体折算成二氧化碳排出量，然后在产品的包装上加以标示。这是使二氧化碳排放量"可视化"的有效手段。"分业种减排方法"（Sectoral Approach），是日本根据自身技术及产业结构来设计提出的一种减排制度，强调将能源效率指数导入电力、钢铁和水泥产业等大量排放二氧化碳和其他温室气体的工业部门，计算出可以削减的排放量，然后汇总作为每个国家设定自己减排目标的标准。而这种方法将为世界同类行业树立相同的标准（不考虑行业对国家的经济发展影响）。日本是世界上低碳经济发展比较成功的国家之一，其节能减排理念发展至今已有 40 多年的历史。凭借着政策的不断调整以及低碳节能技术的发展进步，日本低碳节能效果已逐渐显现。[26]

澳大利亚温室气体办公室（AGO）负责清单编制工作，专家与 AGO 签订合同，分别负责清单报告、报告格式表格和未来趋势的制定。成立了国家温室气体清单委员会，由各个州和地区的代表组成，负责回顾和评价清单及其编制方法。还成立了政府部门间委员会，主要包括工业旅游和资源部、农业林业和渔业部、交通和区域服务部、外交事务和贸易部、总理和议会、农村科学局、农业和资源经济局、澳大利亚环境部。清单划分的部类包括：能源、工业过程、溶剂和其他产品使用、农业、土地利用和森林、废弃物 6 个。温室气体办公室有 4 个人员负责清单工作，另外有 5 名专家协助。投入的资金为 110 万澳元（不包括国家碳统计系统或数据库开发）。清单采取的方法与政府间气候变化专门委员会（IPCC）方法一致，如果有详细国家数据的地方则采用国家数据。基本原则是保持数据和方法的透明性。澳大利亚国家清单报告（NIR）的主要内容包括：主要源分析、不确定性定量分析、质量保证/品质控制（QA/QC），部门排放趋势分析。在不确定性定量分析方面，采用了专家判断方法、IPCC 方法、随机抽样技术。而且定量化分析方法越来越多，但到目前为止，还没有对整个清单进行不确定性分析的结果。在 QA/QC 方面，采用了 IPCC 好的做法上面的指标，由温室气体办公室参加 QC 检查，组织咨询顾问检查数据和比较结果。未来要进一步进行的工作主要包括，通过国家碳统计系统更好地分析土地利用和森林变化，对其他部门的方法和数据进行评价，继续实施好的做法，另外就是进一步开发数据库系统。

除上述几个国家外，加拿大、瑞典、法国、挪威等发达国家也都制定了一系列旨在减少温室气体排放、发展低碳经济的长期规划。中国、印度等广大发展中国家也积极行动起来，可以说，发展低碳经济作为协调社会经济发展、保障能源安全与应对气候变化的基本途径，已经成为后危机时代各国的一个普遍共识。

国际上计量温室气体减排量的方法主要有两种：一是通过分行业、分部门调查经济活动来进行统计计量。全面的温室气体排放统计计量几乎包含了所有的自然生态系统和社会生产部门，是一项非常庞大的工作，计量结果也易受主观因素的影响。二是利用全球大气观测地面站、高空热气球、航空器、卫星以及其他遥感观测设施等先进手段的综合运用来进行科学监测计量，计量结果较为客观公正。[27]

温室气体排放数据是国际上开展温室气体排放评价与减排责任谈判的数据基础。国际上基于全球尺度的主要温室气体排放的数据来源包括美国能源信息署（EIA）、世界资源研究所（WRI）、美国橡树岭国家实验室 CO_2 信息分析中心（CDIAC）、《联合国气候变化框架公约》（UNFCCC）和 OECD 国际能源署（IEA）。[28]

Johnston 等学者探讨了英国大量减少住房二氧化碳排放的技术可行性，认为利用现有技术到 21 世纪中叶实现在 1990 年基础上减排 80% 是可能的。[29]
Treffers 等学者探讨了德国在 2050 年实现在 1990 年基础上减少温室效应气体（GHG）排放量 80% 的可能性，认为通过采用相关政策措施，经济的强劲增长和 GHG 排放的减少的共同实现是可能的。[30] Kawase 等学者通过改进的 kaya 恒等式对碳排放进行了因素分解研究，并对不同国家的碳减排目标进行了情景预测；回顾和描绘了长期气候稳定的情景，将排放变化分解为三个因素：二氧化碳强度、能源效率和经济活动等，指出为实现 60% ~ 80% 的减排目标，总的能源强度改进速度和二氧化碳强度减少速度必须比以前 40 年的历史变化速度快 2 ~ 3 倍。[31] Shimada 等学者构建了一种描述城市尺度低碳经济长期发展情景的方法，并将此方法应用到日本滋贺地区。[32] Sovacool 等对全球 12 个大都市区的碳足迹进行了评价分析，并提出了减少碳足迹的政策建议。[33] Kenny 以爱尔兰为例，对六种碳足迹计算模型的运行效果进行了对比分析。[34] 1998 年，Bickne 在生态足迹研究中提出了基于投入产出分析的模型（以下简称 IOA - EF 模型），即采用投入产出技术，以土地乘数来计算区域生态足迹的贸易流动的新思路，利用投入产出表的产品流信息追踪和计算最终消费的生态足迹格局，弥补了 EF 基本模型在识别环境影响的真实发生位置、组分构成及其在产业间的相互联系等的不足。[35~37] Shimada K 建立了对未来区域尺度上低碳经济情景分析的方法。[38]

1.2.1.2 碳排放国内研究现状

发展低碳经济的核心问题是"碳排放问题"。1760—1950 年发达国家排放的二氧化碳总量占世界总量的 95%，到 2006 年仍为 80%。中国在高速发展过程中二氧化碳排放总量虽居世界前列，但人均排放大大低于发达国家，约为美国的 1/4，日本的 1/2。

中国将遵循《联合国气候变化框架公约》，承担"共同但有区别的责任"。依靠科技进步，大力节能减排，积极参与国际合作，努力发展低碳经济。

2008 年 10 月，中国完成了应对气候变化的政策与行动白皮书，主要包括八项内容：气候变化与中国国情；气候变化对中国的影响；应对气候变化的战略和目标；减缓气候变化的政策与行动；适应气候变化的政策与行动；提高全社会应对气候变化意识；加强气候变化领域国际合作；应对气候变化的体制机制建设。

2008 年 12 月 23 日，"中国准备第二次国家信息通报能力建设"项目启动会在京召开。来自国家发展和改革委员会气候司、外交部条法司、科技部社发司、国家环保部科技司、中国气象局科技司、香港特别行政区环境保护署、澳门特别行政区地球物理暨气象局、中国国际经济技术交流中心的官员，联合国开发计划署（UNDP）驻华代表处、中国全球环境基金（GEF）工作秘书处、联合国教科文组织、世界卫生组织、中华环保基金会的多位外方与中方代表，以及国家发改委能源研究所、清华大学低碳能源研究室、中国环科院、中科院大气物理研究所、中国农科院农业环境与可持续发展研究所、中经网数据有限公司的专家均参加了该会议。

2009 年 3 月 19 日上午，国家发改委、科技部、环境保护部、住建部、国资委和江西省人民政府在北京举行新闻发布会，江西省副省长谢茹在会上宣布，由国家五部委和江西省人民政府联合主办的"世界低碳经济大会暨技术博览会"将于 2009 年 11 月 18 日至 21 日在江西省南昌市举行。"世界低碳经济大会"由上述五部委联合主办，江西省发改委和南昌市政府承办。这将是中国境内首次举办的有关低碳经济的国际会议，江西省积极探索低碳经济的实践，将有助于促进中国低碳经济的发展，有助于国际社会在发展低碳经济方面的交流与合作，有助于我国在积极应对气候变化的同时，实现经济、社会和环境的可持续发展。

2009 年 11 月 26 日，中国政府宣布控制温室气体排放的行动目标，到 2020 年单位国内生产总值二氧化碳排放比 2005 年下降 40%～45%，受到国际舆论的广泛好评。同时宣布，温家宝总理出席哥本哈根气候变化会议。2009

年 12 月 16 日至 18 日，国务院总理温家宝在出席哥本哈根气候变化会议的近60 个小时内，与有关国家领导人展开了密集的会谈和协商，力推谈判进程不断向前。在哥本哈根气候变化会议领导人会议上，温家宝总理发表了重要演讲，宣示了中国政府的一贯主张，呼吁各方凝聚共识、加强合作，共同推进应对气候变化的历史进程；在会场内外错综复杂的形势下，温家宝总理迎难而上，积极行动，以最大的政治意愿和耐心，在与会各方中穿梭斡旋，沟通协调，尤其在会议面临可能无果而终的关键时刻，亲自出面与有关方面做了大量艰苦细致的工作，最终推动了《哥本哈根协议》的达成。

中国正在抓紧制定温室气体排放标准。2010 年 9 月 27 日，我国国家发改委下发《国家发改委办公厅关于启动省级温室气体排放清单编制工作有关事项的通知》，要求各省、自治区、直辖市启动省级温室气体 2005 年清单的编制工作。为控制温室气体排放，中国将大力提升温室气体排放清单编制水平，提高数据的准确性和可靠性，并建立温室气体清单数据库。

2011 年 1 月 27 日，《人民日报》刊载中国人民大学经济改革与发展研究院黄泰岩、张培丽《2010 年中国经济研究热点分析》一文。文章披露了2010 年中国经济研究热点排名，低碳经济首次成为前 10 位最受关注的热点问题之一。

2011 年 12 月 1 日，国务院发布了关于印发《"十二五"控制温室气体排放工作方案》的通知，通知认为，控制温室气体排放是我国积极应对全球气候变化的重要任务，对于加快转变经济发展方式、促进经济社会可持续发展、推进新的产业革命具有重要意义。要围绕到 2015 年全国单位国内生产总值二氧化碳排放比 2010 年下降 17% 的目标，大力开展节能降耗，优化能源结构，努力增加碳汇，加快形成以低碳为特征的产业体系和生活方式。

各地区、各部门应充分认识控制温室气体排放工作的重要性、紧迫性和艰巨性，将其纳入本地区、本部门总体工作布局，将各项工作任务分解落实到基层，并制定年度具体实施办法，进一步加强组织领导，健全管理体制，明确工作责任，完善政策法规，加大资金投入。地方各级人民政府对本行政区域内控制温室气体排放工作负总责，政府主要领导是第一责任人。有关部门要在各自职责范围内做好控制温室气体排放工作。要充分发挥市场机制作用，增强企业和社会各界控制温室气体排放的意识和自觉性，形成以政府为主导、企业为主体、全社会广泛参与的控制温室气体排放工作格局，确保完成"十二五"控制温室气体排放目标。"十二五"各地区单位国内生产总值二氧化碳排放下降指标如表 1 – 1 所示。

表 1-1　"十二五"各地区单位国内生产总值二氧化碳排放下降指标

地区	单位国内生产总值二氧化碳排放下降（%）	备注：单位国内生产总值能源消耗下降率（%）
北京	18	17
天津	19	18
河北	18	17
山西	17	16
内蒙古	16	15
辽宁	18	17
吉林	17	16
黑龙江	16	16
上海	19	18
江苏	19	18
浙江	19	18
安徽	17	16
福建	17.5	16
江西	17	16
山东	18	17
河南	17	16
湖北	17	16
湖南	17	16
广东	19.5	18
广西	16	15
海南	11	10
重庆	17	16
四川	17.5	16
贵州	16	15
云南	16.5	15
西藏	10	10
陕西	17	16
甘肃	16	15
青海	10	10
宁夏	16	15
新疆	11	10

2012 年 11 月 21 日，《中国应对气候变化的政策与行动：2012 年度报告》新闻发布会在北京举行。在加强能力建设部分，提出逐步建立温室气体统计核算体系。国家发展和改革委会同有关部门组织编写了《关于加强应对气候变化和温室气体排放统计的意见》。云南省等一些地方统计部门已启动温室气体排放基础统计工作。国务院机关事务管理局制定了《公共机构能源资源消耗统计制度》，组织完成了"十一五"期间和 2011 年全国公共机构能源资源消耗情况汇总分析和国家机关办公建筑、大型公共建筑能耗统计。住房城乡建设部修订了《民用建筑能耗和节能信息统计报表制度》。国家林业局进一步加快推进全国林业碳汇计量与监测体系建设，试点已扩大到 17 个省市。国家统计局出台了《关于加强和完善服务业统计工作的意见》，为建立健全服务业能源统计奠定坚实基础。交通运输部组织开展交通运输行业碳排放统计监测研究。国家发展改革委发布了《省级温室气体清单指南（试行）》，组织完成中国 2005 年温室气体清单和第二次国家信息通报编制工作；组织编写了陕西、浙江、湖北、云南、辽宁、广东和天津 7 个省（市）2005 年温室气体排放清单总报告及能源、工业生产过程、农业、土地利用变化及林业、废弃物五个领域的温室气体清单分报告；组织开展其他 24 省市温室气体清单编制工作；研究开展化工、建材、钢铁、有色、电力、航空等行业企业温室气体排放核算方法和报告规范。

2013 年 11 月 5 日，《中国应对气候变化的政策与行动：2013 年度报告》新闻发布会在国务院新闻办举行。在加强基础建设能力部分，提出加强温室气体统计核算体系建设。2013 年，国家发展改革委会同国家统计局制定并印发《关于加强应对气候变化统计工作的意见》，明确提出应建立应对气候变化统计指标体系，完善温室气体排放基础统计工作。国管局印发了《公共机构能源资源消费统计制度》，进一步规范公共机构能源资源消费统计工作，组织完成了 2011 年和 2012 年全国公共机构能源资源消耗情况汇总分析，纳入直接统计范围的公共机构扩大到 69 万家。林业局以各省历次森林资源清查结果为基础，结合各类林业统计数据，完成了各省森林面积和蓄积量变化的测算。《中华人民共和国气候变化初始国家信息通报》基本上反映了中国与气候变化相关的国情。根据报告，1994 年中国二氧化碳净排放量为 26.66 亿吨（折合约 7.28 亿吨碳），甲烷排放总量约为 3429 万吨，氧化亚氮排放总量约为 85 万吨。上述结果表明，在经历了一段经济快速增长以后，中国的人均温室气体排放量仍然远低于发达国家的水平，中国政府实行的一系列有利于减缓气候变化的政策措施发挥了积极的作用。2012 年，国家发展改革委组织完成了《第二次国家信息通报》的编制工作（其中国家温室气体清单报告年份为 2005 年），并已提交联合国气候变化框架公约秘书处。第三次国家信息通报的项目申报工作目前正在进行，拟在这个项目下编制 2010 年和 2012 年国家温室气体清单。"2016 年 6 月 21 日，中国准备第三次国家信息通报能力建设项目第一次两年更新报第二稿讨论会在京举行。"组织了全国 31 个省（自治区、直辖市）开展了温室气体清单编制，初步摸清了本地区的温室气体排放状况，并进行了年度碳强度下降核算工作。目前正在组织开展对 2005 年和 2010 年省级温室气体清单的验收评估工作。组织编制了化工、水泥、钢铁、有色、电力、航空、陶瓷等行业生产企业的温室气体排放核算方法与报告指南。开展碳排放权交易试点的省市已经或正在开展企业碳排放核算工作，并正在建立第三方碳排放核查体系。

2014 年 11 月 25 日，《中国应对气候变化的政策与行动：2014 年度报告》新闻发布会在国务院新闻办举行。"能力建设第五点"提出稳步推进统计核算考核体系建设，包含三个方面：①完善统计核算体系。2013 年，国家发展改革委、国家统计局发布了《关于加强应对气候变化统计工作的意见》。国家统计局研究制定了《应对气候变化统计工作方案》；建立了应对气候变化统计指标体系并编写了《应对气候变化部门统计报表制度》；会同国家发展改革委印发了《关于开展应对气候变化统计工作的通知》；组织成立了应对气候变化统计工作领导小组，要求各相关部门和行业协会加强组织领导，落实职责分工，确保数据质量。国家发展改革委研究建立重点企（事）业单位温室气体排放报送制度，2014 年下发了《关于组织开展重点企（事）业单位温室气体排放报告工作的通知》，明确了报告主体、内容、程序及相关保障措施；正式发布化工、水泥、钢铁、有色、电力、航空、陶瓷等 10 个行业的生产企业温室气体排放核算方法与报告指南；推动碳排放权交易试点省市逐步完善核算核查制度，完成企业碳排放核算工作，规范第三方核查工作。国家林业局初步建成了全国森林碳汇计量监测体系，具备了运用调查实测成果科学测算中国森林碳汇量的能力。②健全评价考核制度。2013 年 4 月，国家发展改革委组织对全国 31 个省（自治区、直辖市）2012 年度控制温室气体排放目标责任进行首次试评价考核，进一步加强了对控制温室气体排放相关工作的督促指导和政策协调；在认真总结 2012 年度试评价考核工作的基础上，2014 年 8 月，国家发展改革委组织修改完善并发布了《单位国内生产总值二氧化碳排放降低目标责任考核评估办法》，正式启动对省级人民政府碳强度下降目标的考核评估，督促各地区切实落实碳强度下降目标责任，确保实现"十二五"碳强度下降目标。③提升排放核算能力。围绕"摸清家底、支撑决策、支持工作"的核心任务，国家发展改革委推动在国家、地区和企业层面有序开展温室气体排放核算能力建设，取得积极进展；开展第三次国家信息通报编制工作，做好上半年和全年单位国内生产总值二氧化碳排放下降目标完成情况的形势分析和预测；加强省级温室气体清单编制和碳强度测算能力建设；组织对全国31个省（自治区、直辖市）2005年和2010年本地区温室气体排放清单进行评估和验收。

我国将6月17日定为全国低碳日。2013年6月17日，迎来首个"全国低碳日"，由国家发展改革委会同中宣部、教育部等多个部门共同发起，主题口号为"美丽中国梦，低碳中国行"，开展了一系列相关活动。

2013年11月18日，上海市人民政府令第10号公布《上海市碳排放管理试行办法》（见附录2）中，多个条目与碳排放量高度相关，如第十二条（报告制度）：纳入配额管理的单位应当于每年3月31日前，编制本单位上一年度碳排放报告，并报市发展改革部门。年度碳排放量在1万吨以上但尚未纳入配额管理的排放单位应当于每年3月31日前，向市发展改革部门报送上一年度碳排放报告。提交碳排放报告的单位应当对所报数据和信息的真实性、完整性负责。充分说明碳排放量的核算是碳排放管理工作的基础。

2013年12月，国家发展改革委、国家统计局印发《关于加强应对气候变化统计工作的意见的通知》（发改气候〔2013〕937号），附件《关于加强应对气候变化统计工作的意见》（见附录3）中提到，近年来，我国能源、资源和环境等统计工作不断完善，为应对气候变化统计工作奠定了重要基础。然而，随着应对气候变化工作的不断深入，现有统计在反映气候变化状况、核算温室气体排放等方面仍存在较大的数据缺口，难以满足履行公约和开展国内相关工作的需要。加强应对气候变化统计工作迫在眉睫，各地区、各部门要充分认识建立和完善应对气候变化统计工作的重要性和紧迫性，要围绕2015年单位国内生产总值二氧化碳排放比2010年下降17%的目标，进一步完善温室气体排放基础统计，建立健全相关统计和调查制度，加强组织领导，健全管理体制，加大资金投入，加强能力建设，推动我国应对气候变化工作走向信息透明化、管理规范化、决策科学化。

2014年2月15日发布的《中美气候变化联合声明》中，双方启动的五个合作领域实施计划达成一致，其中包括温室气体数据的收集和管理。

根据《中华人民共和国国民经济和社会发展第十二个五年规划纲要(2011—2015年)》（以下简称《"十二五"规划》）提出的"建立完善温室气体统计核算制度，逐步建立碳排放交易市场"和《"十二五"控制温室气体排放工作方案》提出的"加快构建国家、地方、企业三级温室气体排放核算工作体系，实现重点企业直接排放和能源消费数据制度"的要求，各省各行业都在积极地出台温室气体核算制度。

国家发展和改革委员会中国应对气候变化司《关于开展低碳社区试点工作的通知》（发改气候［2014］489 号），根据《国务院关于印发"十二五"控制温室气体排放工作方案的通知》（国发［2011］41 号）有关工作部署，为积极探索新型城镇化道路，加强低碳社会建设，倡导低碳生活方式，推动社区低碳化发展，国家发展改革委决定组织开展低碳社区试点工作。

早在 2008 年 6 月，中国省级应对气候变化方案项目启动会就已举行，会议提出：项目预计执行三年，分别选取内蒙古、山西、辽宁、宁夏、青海、西藏、甘肃（挪威政府资助）、黑龙江、山东、湖南、海南、四川、新疆和福建（欧盟资助）作为试点省份编制省级应对气候变化方案并建立相应协调机构，从而提高省级应对气候变化的能力，同时还将为其余的省份编制省级应对气候变化方案大纲并进行相关机构和能力建设。此外，该项目还将在河北与重庆两个地方分别选取减缓与适应气候变化的具体案例开展可行性研究。通过这些项目活动，将大大提高中国应对气候变化的减缓与适应能力，并通过国际交流活动为其他发展中国家的应对气候变化工作起到良好示范作用。

苏州市发展改革委消息，经过一年多准备，苏州工业园区首个低碳示范产业园区——中节能（苏州）环保科技产业园已正式奠基开工。在新的形势下，苏州市积极寻找新的经济发展思路，并加大示范指导和组织实施力度。2009年实现二氧化碳减排 200 多万吨。

2010 年年初，安徽省发展改革委发布了省经济信息中心《安徽二氧化碳减排空间分析》一文，指出只有加大产业结构调整力度，利用低碳技术改造和提升高碳产业，才能拓展二氧化碳的减排空间。江西省鄱阳湖生态经济区规划获国务院批准，规划分析了气候变化带来的挑战，在基础设施布局中考虑了适应气候变化的要求，并提出要积极推广低碳技术。青海省发展改革委消息，青海省将积极采取适应气候变化措施：一是合理开发利用空中水资源，建立和完善人工增雨作业体系；二是加强农田、草原基本建设，改良培肥土壤；三是利用气候变暖对旅游业带来的机遇，加快发展高原特色旅游业，打造高原旅游名省。

2010 年 8 月 18 日，国家发展改革委在北京召开会议，正式启动国家低碳省区和低碳城市试点工作。会议由国家发展改革委副主任解振华主持，首批试点省和试点城市政府主要领导出席。日前，国家发展改革委发出通知，确定首先在广东、湖北、辽宁、陕西、云南五省和天津、重庆、杭州、厦门、深圳、贵阳、南昌、保定八市开展低碳试点工作。

2012 年 4 月，海南省提前完成温室气体排放清单编制工作并通过专家评审。温室气体排放清单编制工作在海南尚属首次开展，海南省各编制单位认真学习国家相关要求，采取问卷调查、实地调研、抽样检验等方法，提前完成了2005 年能源活动、工业生产过程、农业活动、土地利用变化和林业、废弃物处理等五个分报告和总报告的撰写工作，并主动加压，进一步完成了2006—2010年的清单编制工作。

2012 年 9 月 7 日，海南省政府通过《海南省"十二五"控制温室气体排放工作实施方案》（以下简称《实施方案》），明确了海南控制温室气体排放工作的总体要求、目标及各项措施，提出了综合运用优化产业结构、推进节能降耗、发展低碳能源、增加碳汇能力等多种手段，有效控制温室气体排放。通过开展省内低碳试点示范，建立省级温室气体基础统计制度，推动全社会低碳行动，多层次开展合作交流，加强科研与人才队伍建设，进一步提高海南应对气候变化能力和水平。《实施方案》提出，到 2015 年全省单位生产总值二氧化碳排放比 2010 年下降 11%，将指标按东、中、西三大区域特点分解到各市、县及洋浦经济开发区管委会，并把控制温室气体排放主要任务落实到省内各有关厅局、市县政府。

会议要求，全省必须高度重视控制温室气体排放这项全新工作，切实把控制温室气体排放工作纳入全省总体战略之中，努力形成经济社会发展与低碳发展共同进步的良好局面。要求各市县政府、各部门要加强组织保障和措施保障工作；财政部门要给予控制温室气体排放工作资金支持。

国家发展改革委印发了《关于开展第二批国家低碳省区和低碳城市试点工作的通知》（以下简称《通知》），指出 2010 年 7 月启动第一批国家低碳省区和低碳城市试点工作以来，各试点地区高度重视，按照试点工作有关要求，制定了低碳试点工作实施方案，逐步建立健全低碳试点工作机构，积极创新有利于低碳发展的体制机制，探索不同层次的低碳发展实践形式，从整体上带动和促进了全国范围的绿色低碳发展。此次扩大试点范围，是探寻不同类型地区控制温室气体排放路径、实现绿色低碳发展的重要举措。

根据地方申报情况，统筹考虑各申报地区的工作基础、示范性和试点布局的代表性等因素，经沟通和研究，国家发展改革委确定在北京市、上海市、海南省和石家庄市、秦皇岛市、晋城市、呼伦贝尔市、吉林市、大兴安岭地区、苏州市、淮安市、镇江市、宁波市、温州市、池州市、南平市、景德镇市、赣州市、青岛市、济源市、武汉市、广州市、桂林市、广元市、遵义市、昆明市、延安市、金昌市、乌鲁木齐市开展第二批国家低碳省区和低碳城市试点工作。

《通知》提出了试点工作的六项具体任务。第四项任务是建立温室气体排放数据统计和管理体系。要编制本地区温室气体排放清单，加强温室气体排放统计工作，建立完整的数据收集和核算系统，加强能力建设，为制定地区温室气体减排政策提供依据。

为进一步规范统一省级清单编制的方法，提高省级清单质量，提高公众在新形势下应对气候变化的意识，增加省级编制温室气体清单的能力，2012 年，发改委与联合国开发计划署合作开展了"清单能力建设和企业温室气体核算项目"，由国家应对气候变化战略研究和国际合作中心牵头组织相关专家编写完成了《低碳发展及省级温室气体清单编制培训教材》，并通过 2012 年下半年至 2013 年 11月举办的六个区域性培训会的检验和不断修改完善，最后教材完整版定稿。

2014 年 3 月 26 日，"中国改革报"发表的《探索低碳试点实践　加快发展方式转变——专访国家发展改革委副主任解振华》一文中，总结探索建立企业碳排放报告制度及碳排放管理平台。北京等七个碳交易试点省市根据国家或地方公布的重点行业温室气体排放核算方法指南，组织温室气体排放第三方核查机构开展了重点单位温室气体排放数据的核算和核查，摸清了重点单位和企业的历史排放数据。苏州市等外资企业集中的东部发达地区还按照国际碳盘查标准开展了碳盘查行动，初步探索实施了企业碳排放核算报告制度。青岛、杭州、镇江等城市开发了碳排放管理平台，作为落实碳排放峰值目标的监管工具和决策支持系统。镇江市的碳平台运用云计算、物联网等先进信息技术，实现了在线运行，在低碳城市建设的数字化、网络化和空间可视化方面进行了有益探索和创新实践。深圳等城市加强建筑碳排放监管，对大型公共建筑能耗和碳排放实行实时在线监测。

早在 2013 年 10 月 15 日发展改革委网站便刊发消息，为有效落实《"十二五"规划》提出的建立完善温室气体统计核算制度，逐步建立碳排放交易市场的目标，推动完成国务院《"十二五"控制温室气体排放工作方案》（国发〔2011〕41 号）提出的加快构建国家、地方、企业三级温室气体排放核算工作体系，实行重点企业直接报送温室气体排放数据制度的工作任务，发改委正组织制定重点行业企业温室气体排放核算方法与报告指南，供开展碳排放权交易、建立企业温室气体排放报告制度、完善温室气体排放统计核算体系等相关工作参考使用。并印发了发电、电网、钢铁、化工、电解铝、镁冶炼、平板玻璃、水泥、陶瓷、民航首批 10 个行业企业温室气体排放核算方法与报告指南（试行）。

国家发展改革委有关负责人介绍，编制企业温室气体排放核算方法与报告格式指南，旨在有效实现建立完善温室气体统计核算制度，逐步建立碳排放交易市场的目标，加快构建国家、地方、企业三级温室气体排放核算工作体系，实行重点企业直接报送温室气体排放数据制度的工作任务。

据了解，企业温室气体排放核算方法与报告指南将成为行业企业开展碳排放权交易、建立企业温室气体排放报告制度、完善温室气体排放统计核算体系等相关工作参考使用，帮助企业科学核算和规范报告自身的温室气体排放，制订企业温室气体排放控制计划，积极参与碳排放交易，强化企业社会责任。

2014 年 12 月 3 日，国家发展改革委办公厅又印发了第二批 4 个行业企业温室气体排放核算方法与报告指南（试行），包括：①《中国石油和天然气生产企业温室气体排放核算方法与报告指南（试行）》；②《中国石油化工企业温室气体排放核算方法与报告指南（试行）》；③《中国独立焦化企业温室气体排放核算方法与报告指南（试行）》；④《中国煤炭生产企业温室气体排放核算方法与报告指南（试行）》。

目前，我国综合能源利用效率约为 32%，比发达国家低 10 个百分点，主要产品单位能耗比国外先进水平高 40%。[39] 随着能源消费进一步增加，人们对环境质量要求日趋提高，提高能效、节约资源和保护环境提到了重要议事日程。煤炭不论现在还是将来都是中国的主要能源，与煤炭有关的温室气体排放量估算的准确性，对全国温室气体排放量估算的准确性影响很大，而且与国家利益息息相关，因此，要特别给予重视。碳排放研究领域主要集中在碳排放与气候变化、排放预测、排放因素的分解、碳排放量的估算等方面。[40] 国内关于碳排放量的计算主要是围绕着工业和能源行业展开的。

2008 年成立的清华大学低碳能源实验室主要研究先进核能技术、清洁煤发电技术、先进输电与电网安全技术、节能技术、新能源与可再生能源技术、能源发展战略和技术路线等。

2008 年成立的北京达华世纪低碳研究院重点围绕低碳经济和低碳技术，深入开展宏观研究、政策研究、新技术创新研究和实施监督办法研究四个方面的研究。

2010 年成立的中国矿业大学低碳能源研究院主要研究煤炭能源（资源）低碳利用和新能源开发。

国家计委能源研究所专题组承担的能源活动温室气体排放清单编制专题早在 2001 年已经启动。专题研究了 IPCC 过去及改进后的清单编制方法指南和国内相关研究工作；研究了矿物燃料燃烧温室气体排放因子、煤矿开采和矿后活动甲烷排放以及石油和天然气系统甲烷泄漏排放因子、生物质能燃烧甲烷排放因子。

国内一些学者对中国温室气体排放情形进行了预测。姜克隽等学者利用 IPAC 模型对我国未来中长期的能源与温室气体排放情景进行分析；设计了 3

个排放情景，介绍了情景的主要参数和结果，以及实现减排所需的技术；同时探讨了中国实现低碳情景所需要的发展路径。[41] 高树婷、张慧琴等分析了我国能源、工业及农业二氧化碳、甲烷等温室气体排放量的现状，并对 2020 年我国温室气体排放量进行预测。[42] 岳超、王少鹏、朱江玲等学者对 2050 年中国碳排放量进行了情景预测。[43] 王娟等学者基于美国能源信息署的经济增长预测及联合国人口机构的人口预测，对中国未来的一次能源需求进行了展望；在此基础上，设计了高、中、低三个排放情景对中国未来与能源有关的二氧化碳排放进行预测，并与国内外权威机构所做的同类预测进行了比较及分析，为中国进一步探索未来二氧化碳减排措施提供依据。[44]

国内一些学者也开展了对碳排放的因素分解研究。比如徐国泉等将 1995—2004 年的碳排放进行分解，认为经济发展是中国二氧化碳排放增加的原因，而能源强度和能源结构在 2000 年以前降低了中国碳排放量，2000 年以后促进了二氧化碳排放的增加。[45] 刘红光、刘卫东借助 LMDI 分解方法，分析了我国 1992—2005 年工业燃烧能源导致碳排放的影响因素，结果显示我国经济总量的增长、能源利用效率低以及以煤为主的能源消费结构是导致我国碳排放大量增加的主要原因。董军、张旭运用 LMDI 法对工业消耗化石能源的碳排放因素进行分解分析，考虑工业能源排放强度、能源结构、能源强度和产出规模四个要素，得到工业能源强度对碳排放量减少起到重要作用，但近年减量影响已经疲弱，工业产出规模是近年来碳排放增长的直接原因且增量影响较明显。[46] 吴立波等分别分析我国 1980—2002 年、1957—2000 年能源消费导致碳排放的驱动因素。[47] 王灿分析了我国 1957—2000 年间的碳排放的变化因素，认为从 1957 年到 2000 年碳排放理论上减少了约 24.66 亿吨，其中的 95% 归功于碳排放强度的降低。[48] 魏一鸣等对 1998—2005 年我国工业最终消费能源导致的二氧化碳排放量变化因子分析，同样认为对碳排放减少贡献最大的是能源强度，而碳排放系数以及能源结构和产业结构转变贡献很大。[49] 孙建卫学者采用 Bickne 的 IOA - EF 生态足迹模型的思路，借鉴 Ferng 与赖力改良后的算法，加以改进后应用于中国碳排放足迹研究中，对我国碳足迹进行了核算并分析其部门构成，并通过足迹影响力和感应力指数对部门之间的碳关联程度进行了分析；采用 1995—2005 年中国各行业的相关统计数据，基于 IPCC 温室气体清单方法，构建了碳排放量核算的项目框架，对中国历年的碳排放量进行了核算；并应用因素分解方法对中国历年来碳排放量和碳排放强度及其变化的因素进行了时间序列分析。[50] 郭运功在对上海能源利用碳排放的研究中引入了碳足迹的概念，并对能源利用人均碳足迹进行了测算。[51]

除了上述对温室气体排放预测和碳排放的因素分解，还有一些国内学者对碳排放的其他方面进行了研究。

张德英采用系统仿真的方法对我国工业部门排碳量进行了估算，分析工业部门碳源排碳系统要素间的反馈互动机制，利用复杂系统综合集成的建模手段建立工业部门碳排放模型，采用系统仿真的方法，达到对碳排放量的估算及预测的目的。[52,53]王雪娜总结了目前能源类碳源排碳量的研究现状，引入系统动力学的概念，指出了其在能源类碳源排碳量测算问题中应用的必要性和可行性，并且针对社会能源类碳源排碳中的交通运输部门的能源类碳源排碳进行了分析和建模。[54,55]

杨光博士分析工业各行业碳排放量与工业碳排放总量的关系，采掘业、黑色金属冶炼及压延加工业组的碳排放量与工业碳排放总量的关联度为 0.99。采掘业中的煤炭采选业、非金属矿物制品业、黑色金属冶炼及压延加工业、有色金属冶炼及压延加工业等行业都属于高耗能产业；因此，在工业行业中该组对工业行业的碳排放总量的影响最大，是分析碳排放及减少碳排放时需要重点考虑的行业。[56]

郑爽学者研究了我国煤层甲烷类温室气体排放及清单编制，并且按照政府间气候变化工作组（IPCC）1996 年修订指南的要求，对我国地下开采、露天开采和矿后活动甲烷涌出量进行了估算，扣除抽放甲烷中可利用甲烷后，得出煤矿排入大气的甲烷量。[57,58]

武娟妮等学者研究了中国原生铝工业的能耗与温室气体排放情况，借鉴国际铝协提出的铝工业能耗及温室气体排放核算框架和方法，对中国原生铝工业进行了相应的核算。[18]

林炳煌等学者综合考虑二氧化碳的直接和间接排放，提出不同区域层面的碳排放核算的基本框架和技术路线，为低碳经济的发展战略和管理模式提供基础方法支持。[59]赵荣钦等学者基于省域层面，构建了碳排放清单的研究框架和计算模型，并以江苏省为例，对 2000—2008 年的碳排放进行了全面核算，并对江苏省碳减排潜力进行了情景分析。[60]赵红泽等学者研究了大型露天煤矿拉铲倒堆工艺的低碳效益，研究表明，拉铲工艺投资与单斗卡车工艺基本相当，但成本、节能减排方面具有明显劣势。[61]才庆祥等学者对露天煤矿温室气体排放的计算方法进行了初步探讨，并初步构建了露天煤矿能源消耗导致温室气体排放的计量模型。[62]

马忠海等学者利用全寿命循环分析方法对煤电链的温室气体排放进行了较全面的综合分析，给出了我国煤电链中各个环节及其总的温室气体排放系数，并与核电链的温室气体排放进行了比较。煤电链总的排放系数为 $1302.3 gCO_2/kWh$，是核电链的几十倍。与煤电链相比，核电至少不会加剧温室气体的进一步排放。发展核电是能源结构策略调整以减缓温室效应、合理利用资源、保护环境的切实可行的途径。[63,64]

1.2.2 露天煤矿现状

从 20 世纪以来，矿床露天开采发展迅速。世界经济发达国家煤炭工业现阶段发展特点是，依据本国煤田赋存条件超前发展露天采煤，世界露天采煤量占总采煤量的比重不断增加，1952 年为 23.4%，1981 年为 40.1%，1988 年为 50.2%，2000 年约为 65%。开采条件好的国家露天开采比重均超过 50%。加拿大 88.0% 、德国 78.3% 、印度 73.8%、澳大利亚 70.0% 、印度尼西亚 70.0% 、美国 61.5% 、俄罗斯 56.1% 、南非 52.9% 、波兰 33.3%、英国 23.6% 、日本 11.6% 。[65,66]

我国是世界第一产煤大国，2010 年我国煤炭产量为 22.71 亿吨，占世界总产量的 48.3%。煤炭是我国的主要能源，在 2009 年分别占一次能源生产和消费总量的 76.7% 和 68.7%，在很长一段时间内，我国以煤为主的能源结构不会改变，煤炭的战略地位仍然十分重要。[67]

2011 年全国煤炭产量为 35.2 亿吨，其中露天煤炭产量 4 亿吨，占全国总产量的 11.4%。全国露天煤矿远景总生产能力将达 5 亿~7 亿吨。[68,69] 图 1 - 1 表示近十年露天煤炭产量变化曲线，表 1 - 2 为我国主要露天矿的开采工艺系统。[70]

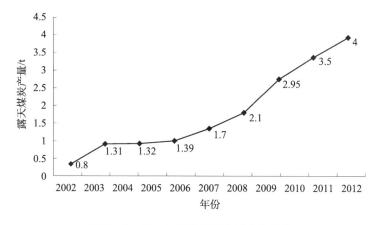

图 1 - 1 近十年露天煤炭产量变化曲线

表 1－2　我国主要露天矿的开采工艺系统[71]

序号	矿山名称	开采工艺系统	设计能力（万 t/a）
1	平朔安太堡	单斗卡车/半连续	1 500
2	平朔安家岭	单斗卡车/半连续	1 500
3	神华北电胜利一号	单斗卡车/半连续	2 000
4	大唐胜利二号	单斗卡车/半连续	3 000 ~ 50 000 000
5	华能伊敏河	单斗卡车/半连续	1 000
6	神华黑岱沟露	单斗卡车/半连续	1 200 ~ 2 500
7	神华哈尔乌素	单斗卡车，拉斗铲	2 000
8	中电投霍林河	单斗卡车/半连续	1 500
9	平庄元宝山	单斗卡车/半连续轮斗	500 ~ 800
10	白音华 1 号	单斗卡车/半连续	700 ~ 1 500
11	白音华 2 号	单斗卡车/半连续	500 ~ 1 500
12	白音华 3 号	单斗卡车/半连续	500 ~ 1 400
13	白音华 4 号	单斗卡车	500 ~ 2 400
14	神华准东	单斗卡车/半连续	1 000
15	神华宝日希勒	单斗卡车/半连续	800 ~ 1 000
16	云南小龙潭	连续/半连续	1 300
17	鲁能宝清	单斗卡车，拉斗铲	1 000
18	平朔东露天	单斗卡车/半连续	2 000

　　目前，我国正在改扩建和新建的生产能力为 10 ~ 20Mt/a 的特大型露天煤矿逾 20 座，总能力在全国煤炭产量中所占比例将越来越大。

　　露天煤矿的开发，一方面，需要消耗大量的能源，包括电力和燃油等，会给区域能源供应平衡带来较大影响。以云南省小龙潭矿务局布沼坝露天煤矿为例，五期扩建后设计生产能力达 13.00Mt/a，采出原煤热值达 1.80×10^{17} J；达产后预计年消耗燃油 2.51×10^4 t，消耗电力 1.46×10^8 kWh，消耗能源热值达 1.68×10^{15} kWh。另一方面，露天煤矿的开采将排放大量的温室气体。这既包括露天煤矿用能带来的直接和间接碳排放，还包括煤炭开采过程中的甲烷逸散、煤炭与煤矸石氧化自燃产生的温室气体逸散，以及矿山开采扰动导致的矿区植被碳固定减少等。同样以布沼坝露天煤矿为例，预计其达产年仅能源消耗一项所产生的二氧化碳达 2×10^5 t 以上；单位 GDP 排放达 2.2t/万元，与全国平均水平相当。另外，煤炭开采过程中逸散的甲烷的温室效应是二氧化碳的 25 倍，卡车尾气中排放氧化亚氮的温室效应是二氧化碳的 310 倍。温室气体排放问题已成为国内外相关领域科学家关注的热点问题。

露天生产工艺系统是指完成采掘、运输、排卸这三个主要环节的机械设备和作业方法的总称。[72] 主要分成间断开采工艺、半连续开采工艺、连续开采工艺和剥离倒堆工艺。

间断开采工艺是最常见、最重要的一种开采工艺。主要包括单斗挖掘机—汽车开采工艺（单斗—卡车工艺）、单斗挖掘机—铁道开采工艺、液压挖掘机—汽车开采工艺、前装机—汽车开采工艺。我国早期的露天矿多采用单斗挖掘机—铁道开采工艺，如抚顺露天矿、海州露天矿等。20 世纪 50 年代中期，我国开始使用汽车运输。20 世纪 80 年代后兴建的露天矿都采用汽车运输或与汽车联合和联合运输工艺。

连续开采工艺具有物料流连续、效率高、生产成本低的优点。常用的连续开采工艺包括：轮斗挖掘机—胶带输送机连续开采工艺（独立式），轮斗（或链斗）挖掘机—运输排土桥工艺，轮斗（或链斗）挖掘机—悬臂排土机开采工艺、水采工艺等。在我国云南小龙潭露天煤矿、准格尔黑岱沟露天煤矿、平庄元宝山露天煤矿都部分地采用连续开采工艺。

针对复杂多样的开采自然条件，出现了部分环节连续作业，部分环节间断作业的工艺，即半连续开采工艺。依据采掘、运输环节使用何种设备及有无破碎筛分设备的标准将半连续开采工艺分为三种：连续采掘、间断运输与排土、无破碎筛分设备；间断采掘、连续运输与排土、设有破碎筛分设备；间断采掘、工作面间断运输、干线连续运输与排土、设有破碎筛分设备。典型的半连续开采工艺包括：连续采掘、间断运输的半连续开采工艺：多斗挖掘机—汽车（铁道）开采工艺；带筛分设备的半连续工艺：单斗挖掘机—筛分设备—胶带输送机开采工艺、单斗挖掘机—汽车—半固定筛分设备—胶带输送机工艺；带破碎机的半连续工艺：单斗挖掘机—工作面汽车—半固定（固定）破碎机—胶带机工艺、单斗挖掘机—移动破碎机—转载机—胶带输送机工艺。

剥离倒堆工艺就是用挖掘设备铲挖剥离物并直接堆放于旁侧的采空区，从而揭露出煤炭的开采工艺。该工艺属于合并式开采工艺，采掘、运输、排土三个环节合并在一起由同一种挖掘设备完成。露天矿常用的倒堆设备有大型倒堆用单斗挖掘机、大型倒堆拉铲。常见的露天开采工艺系统见表 1–3。

表1-3　露天煤矿开采工艺系统表

分类依据	露天开采工艺系统类型	工艺类型示例
依据采掘、运输、排卸主要环节的设备类型和所形成的物料流的连续性分类	1. 间断式开采工艺系统	单斗挖掘机—汽车开采工艺系统； 单斗挖掘机—铁道开采工艺系统； 拉铲剥离倒堆开采工艺系统； 机械挖掘机剥离倒堆开采工艺系统
	2. 连续式开采工艺系统	轮斗挖掘机—胶带输送机开采； 轮斗（或链斗）挖掘机—运输排土桥开采工艺系统； 轮斗（或链斗）挖掘机—悬臂排土机开采工艺系统
	3. 半连续开采工艺系统	单斗挖掘机—胶带输送机开采工艺系统； 轮斗挖掘机—汽车（或铁道）开采工艺系统； 单斗挖掘机—工作面移动式破碎机—胶带输送机开采工艺系统； 单斗挖掘机—工作面汽车—半固定破碎筛分站—胶带输送机开采工艺

目前露天煤矿常用的开采工艺系统类型很多，不同的工艺方式的适用条件是不同的。从不同角度，按照不同的分类依据将露天开采工艺系统分类如表1-3所示。由于露天煤矿的煤层与岩层以及表土层的岩性差异较大，因此，在大型露天矿中采煤工艺、岩石剥离工艺、表土剥离工艺往往是不同的，在开采设计时需要分别选择采煤工艺、岩石剥离工艺和表土剥离工艺，常用的开采工艺系统见表1-2。

通过对露天煤矿现状和碳排放量核算国内外现状的研究，发现主要存在以下问题：

（1）对于低碳方面的研究，更多的是从宏观政策或框架研究的角度进行探讨，对行业的碳排放量化的研究还较少；

（2）《IPCC指南》虽然提供了编制清单通用的基本方法和可参考的基本参数，但是，应该指出《IPCC指南》是以发达国家专家为主研究的结果，其对发展中国家的实际数据可获得性考虑不够，所推荐的参数的适用性较差等也是导致不确定性的主要原因；

（3）针对国家级的碳排放研究最多，其次是区域和省级的碳排放研究，对钢铁行业、电力行业、铝业、水泥业的碳排放也有部分研究，而单独针对露天煤矿的碳排放量核算研究较少，尚处于起步阶段；

（4）结合露天煤矿的不同生产工艺系统和生产环节，碳排放量核算的研究处于空白状态，尚未形成科学的计算模型。

1.3 研究目标和研究框架

本书的研究目标包括五点：

（1）对露天煤矿的碳排放源有清晰认识，明确各个碳排放源对应较合适的碳排放因子的选取方法；

（2）建立适用于露天煤矿行业的碳排放量核算模型；

（3）能够通过模型核算对比得到露天煤矿不同生产工艺系统对碳排放水平影响的初步结论和不同生产环节的碳排放水平；

（4）将时间维度引入露天煤矿的碳排放核算方法中，研究时间对露天煤矿碳排放量的影响；

（5）为露天煤矿提出合理的碳减排途径。

本书通过对露天煤矿碳排放源的分析，分别构建露天煤矿碳排放量初步估算模型和基于生产环节的露天煤矿碳排放量核算模型。对露天煤矿不同开采工艺的碳排放水平进行核算研究。从时效性的维度尝试对露天煤矿的碳排放量进行核算。从碳排放的角度分析露天煤矿工艺的选择并研究露天煤矿的碳减排途径。通过本书的研究，为露天煤矿选择低碳工艺和降低碳排放量提供依据，从而提高露天煤矿的竞争力，促进露天煤矿走可持续、低碳的健康发展道路。

本书的主要研究内容具体阐述如下：

（1）构建露天煤矿碳排放量核算模型。

通过对国内外碳排放量核算方法和露天煤矿碳排放特性的研究，构建露天煤矿碳排放量核算模型。对露天煤矿的生产环节进行分析，根据《IPCC 指南》的碳排放分类方法，综合考虑化石燃料造成的直接碳排放、用电造成的间接排放、煤炭开采过程中的逸散排放和部分煤炭自燃造成的碳排放等，建立露天煤矿碳排放量初步核算模型。通过对露天煤矿生产环节的分析，构建基于生产环节的碳排放量核算模型。

（2）对露天煤矿不同生产工艺系统的碳排放量进行核算。

选取目前露天煤矿最为普遍的生产工艺系统作为研究对象，进行碳排放量的核算并对比不同露天煤矿不同开采工艺系统的碳排放水平。从低碳的角度分析露天煤矿工艺的选择。为露天煤矿的低碳工艺选择提供理论依据。

（3）对露天煤矿基于时效性的 n 年碳排放量核算。

当温室气体累积年限不同时，温室气体的全球增温潜势值不同，进而导致碳排放因子的变化，比较累积年限不同时露天煤矿碳排放量的区别。以温室气体累积年限为基础，分别讨论不同累积年限下，将温室效应值分摊计入各年，而非一次性计入。该算法在露天煤矿碳排放量核算模型的基础上，对 n 年碳排放量的核算从新的角度进行了尝试，将时间效果体现到 n 年碳排放量核算中。

（4）露天煤矿碳减排途径研究。

从多个角度，如露天煤矿的开采工艺、开采设备、直接碳排放源柴油、间接碳排放源电力等方面分析露天煤矿的碳减排途径，并对碳减排的幅度进行量化分析。该部分研究为露天煤矿碳减排工作的开展进行了初步探索。

1.4　研究方法和特色

1.4.1　研究方法

本书以定量分析为主、定性分析为辅，主要采用以下几种方法进行研究：

（1）文献分析方法。文献分析法是根据一定的研究目的或课题，通过调查文献来获得资料，从而全面地、正确地了解掌握所要研究的问题的一种方法。由于"低碳经济"本身提出的时间较短，所以相对于其他研究领域而言，目前关于低碳经济的研究较少，其中国外的文献更多地侧重于方法的讨论和计量分析，而大量国内的文献更侧重于概念的引进、意义的介绍方面，当然也有一些方法的应用研究。本研究在对相关文献进行梳理的基础上，积极吸收和借鉴国内外研究的成果与方法，从而为研究提供理论支撑。

（2）数量研究法。数量研究法指通过对研究对象的数量关系的分析研究，认识和揭示事物间的相互关系和变化规律，借以达到对现象的正确解释和预测的一种研究方法。本书通过对露天煤矿相关数据的详尽整理，对露天煤矿不同工艺的碳排放量和基于时间维度的碳排放量进行了多维度的比较分析。

（3）跨学科研究法。跨学科研究法是运用多学科的理论、方法和成果从整体上对某一课题进行综合研究的方法。本书综合运用经济学、统计学等多学科的理论与分析方法，尝试综合运用多种定量方法，对露天煤矿碳排放量的影响因素进行科学的评价，并在此基础上探讨露天煤矿的碳减排路径。

1.4.2　技术路线

本书的整体技术路线如图 1－2 所示。

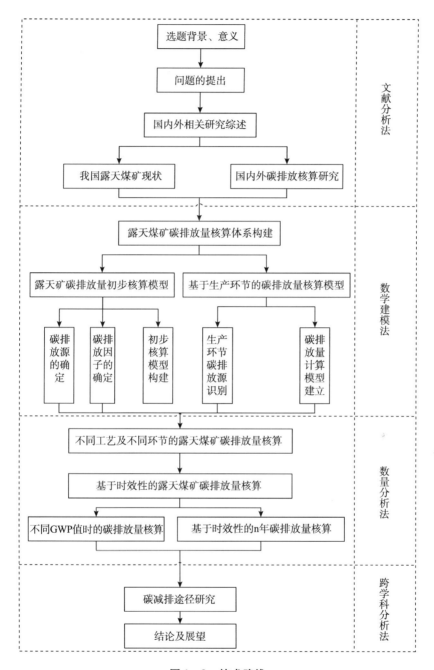

图 1 – 2 技术路线

1.4.3　主要特色

（1）本书从两个角度构建了适用于露天煤矿的碳排放量核算模型，分别为露天煤矿碳排放量初步核算模型和基于生产环节的露天煤矿碳排放量核算模型，为露天煤矿的碳排放量的核算提供了一种普遍适用的方法。

（2）明确了露天煤矿的五种碳排放源：直接碳排放源燃油、炸药、逸散、自燃和间接碳排放源电力。其中，炸药是指露天煤矿爆破作业中爆炸产生的温室气体；自燃是指露天煤矿采煤工作面长期暴露导致煤发生氧化反应引起的自燃和混入排土场的煤的自燃；逸散是指采矿活动对煤层原始状态造成了破坏，使原本在煤层中赋存的温室气体排入大气；电力是指发电过程中造成的碳排放。同时，为五种碳排放源的碳排放因子的确定提出了对应的方法。

（3）通过构建的碳排放量核算模型对露天煤矿不同工艺系统的碳排放水平进行核算，得出初步结论：当剥离环节为单斗—卡车工艺时，采煤环节工艺的碳排放水平从优到劣排序为半连续（坑底自移）工艺优于半连续（部分自移 & 部分地面破碎）工艺优于半连续（端帮破碎）工艺优于半连续（地面破碎）工艺。并对比各个生产环节的碳排放情况，运输环节和采装环节约占碳排放总量的80%，是最主要的碳排放源。

（4）分析比较了当温室气体的温室效应分摊年限不同时全球增温潜势值的变化对露天煤矿碳排放量的影响，并首次将时间维度引入露天煤矿碳排放量核算的研究，对基于时效性的露天煤矿碳排放量核算进行了初步的探索。

2 碳排放量核算理论及中国煤炭生产企业温室气体排放核算方法

2.1 碳排放核算理论基础

碳排放量核算中涉及很多相关概念，以及常用的碳排放量核算方法。然而对这些相似概念有诸多混淆，如碳排放、碳排放量和碳足迹等，为了更好地进行碳排放量核算，需要辨识并区分这些概念。常用的碳排放量核算方法从不同的层面有不同的方法，如国家层面、行业层面等，为了更好地核算露天煤矿的碳排放量，有必要对现有的碳排放量核算方法进行梳理。

2.1.1 碳排放量核算的相关概念

文中提到的碳排放量核算主要是指将温室气体排放量进行当量处理后的二氧化碳量的核算。其中主要的相关概念以及文中主要用到的概念为：

（1）温室气体。

温室气体是指大气中能够吸收地面反射的太阳辐射，并且重新发射辐射的某些气体，比如水蒸气、二氧化碳、大部分制冷剂等。这些气体能够使地球表面更加温暖，相当于形成一个温室把太阳辐射截留，并加热温室内的空气。它们使地球变得更加温暖的这种影响称之为"温室效应"。主要的六种温室气体为二氧化碳（CO_2）、甲烷（CH_4）、氧化亚氮（N_2O）、氢氟碳化物（HFCs）、全氟碳化物（PFCs）和六氟化硫（SF_6）。

（2）温室效应。

地球的大气层起着类似于温室玻璃的作用，允许波长较短的太阳辐射穿过，抵达地球表面，但是却能够捕获波长较长的地球的红外辐射热，使地球保持一种温暖的状态，这种现象被称为"温室效应"。大气能够起到温室效应的作用，主要的原因是大气本身就含有大量的温室气体，比如水蒸气、CO_2、CH_4 等温室气体。是不是温室气体越多越好呢？当然不是。当温室气体过多的时侯，地球的平均温度就会升高，全球气候也因此而变暖。

（3）全球增温潜势。

全球增温潜势（Global Warming Potential，GWP），是指在一段时间内 1 质量单位的某种温室气体的辐射冲击与相等单位二氧化碳辐射冲击的系数。

（4）二氧化碳当量。

二氧化碳当量，是一种用于比较不同的温室气体排放的度量单位，不同的温室气体对地球温室效应的贡献各不相同。为统一度量温室气体整体温室效应的效果，而 CO_2 又是人类活动最常产生的一种温室气体，因此，将二氧化碳当量作为度量温室效应的一种基本单位。二氧化碳当量关注的是排放。一般计算时使用已知的温室气体排放量乘以其全球增温潜势（可把不同温室气体的效应标准化）。

（5）碳排放强度。

碳排放强度是指单位 GDP 的二氧化碳当量排放量，该指标主要用于度量一个国家的经济与其碳排放量之间的关系，如果某国的经济在增长，单位 GDP 所引起的二氧化碳当量排放量却在下降，这种状态说明该国实现了一种较为低碳的发展模式。

（6）碳排放。

碳排放是对温室气体排放的总称或简称。温室气体中最主要的气体是二氧化碳，因此用碳一词为代表，虽然并不完全准确，但作为可以让公众快速了解的方法就是简单地将"碳排放"理解为"二氧化碳排放"。

（7）碳排放量。

碳排放量是指在生产、运输、使用和回收该产品时所产生的各种温室气体的二氧化碳当量。而动态的碳排放量，指的是每单位的货品累积所排放的温室气体量，同产品的批次不同也会产生不同的动态碳排放量。本书中的碳排放量指各种温室气体换算加总后的二氧化碳排放量。

（8）碳足迹。

碳足迹（Carbon Footprint）是用来衡量人类活动对环境的影响和压力程度的指标，是对某种活动引起的（或某种产品生命周期内积累的）直接或间接的 CO_2 排放量的度量。[73] 碳足迹可以用于表示单个人或单个团体的碳消耗量，是衡量某个国家或地区的人口因每天消耗的能源而产生的二氧化碳排放对环境造成影响的一个指标。碳足迹是在生态足迹的概念基础上提出的，但在大部分研究中被用来表征碳排放量，[74,75]而有别于生态足迹的概念。

综上，温室气体主要有六种，但目前在核算碳排放量时，主要计入三种，CO_2、CH_4 和 N_2O。碳排放量是指将 CH_4 和 N_2O 通过 GWP 值统一换算为 CO_2 排放量，再与 CO_2 量加总所得的值。将露天煤矿生产过程中经过折算后的三种温室气体的 CO_2 排放当量简称为碳排放量。碳足迹与碳排放量是指同一个含义，只是加入了对象，如一个人或是一个团体。

本书对露天煤矿的碳排放量的核算，主要指由于露天煤矿的开采活动引起的直接或间接的温室气体排放量的二氧化碳当量。为避免概念混淆，统一采用碳排放量。

2.1.2 IPCC 法

2006 年，联合国政府间气候变化专门委员会（Intergovernmental Panel on Climate Change，IPCC）编制完成了《IPCC 2006 年国家温室气体排放清单指南》，简称《IPCC 2006 年指南》。该指南提供了国际认可的方法学，可用于估算各国的温室气体排放。

根据该指南，国家的温室气体清单分为五部分，能源、工业过程和产品过程、农业林业以及其他土地利用、废弃物和其他。然后根据该五类源再进行细分，以能源为例，能源的下一级排放源为燃料燃烧活动、燃料的逸散排放和二氧化碳的运输和储藏。能源类具体排放源见表 2-1。对于煤炭行业排放源部分表现为燃料逸散排放中的固体燃料部分，但在采掘业中却无对煤炭行业的描述。

表 2-1 IPCC 能源排放源表

燃料燃烧活动	能源工业	主要活动电力和热能生产	电力生产
			结合热能和电力生产
			热能车间
		石油提炼	
		固定燃料的制造和其他能源工业	固定燃料的制造
			其他能源工业

续表

		钢铁		
	制造工业和建设	非铁类金属		
		化学制品		
		纸浆、纸和印刷品		
		食品加工、饮料和烟草制品		
		非金属矿物		
		运输设备		
		机械装置		
		矿业（不包括燃料）和采掘业		
		木材和木材制品		
		建设		
		纺织品和皮革		
		非特殊产业		
燃料燃烧活动	运输	民用航空	国际航空（国际燃料）	
			国内航空	
		道路运输	轿车	具有三元催化剂的载客轿车
				不具有三元催化剂的载客轿车
			轻型卡车	具有三元催化剂的轻型卡车
				不具有三元催化剂的轻型卡车
			重型卡车和公共汽车	
			摩托车	
			车辆的蒸发排放	
			尿素催化剂	
		铁路		
		水运	国际水运（国际燃料）	
			国内水运	
		其他运输	管道运输	
			非道路	
	其他部门	商业、机构		
		居民		
		农业、林业、捕鱼、渔场	固定源	
			非道路运载工具和其他机械装置	
			捕鱼（移动燃烧）	
	非特殊	固定源		
		移动源	移动（航空组分）	
			移动（水运组分）	
			移动（其他）	
		多边运作		

续表

燃料的逸散排放	固体燃料	煤的开采和搬运	地下矿	采矿
				采后矿层气体排放
				废弃的地下矿
				排出沼气的喷燃和沼气转换成 CO_2
			地表矿	采矿
				采后矿层气体排放
		自燃和燃烧煤堆		
	石油和天然气	石油		
		排放		
		燃烧		
		其他	生产和提升	
			运输	
			提炼	
			石油产品的销售	
			其他能源工业	
			探矿	
		天然气	废气排放	
			喷焰燃烧	
			其他	探矿
				生产
				加工
				传送和储藏
				销售
				其他
		能源生产的其他排放		
二氧化碳的运输和储藏	二氧化碳的运输	管道		
		船只		
		其他		
	注入和储藏	注入		
		储藏		
	其他			

《IPCC 2006 年指南》对能源部分的计算提出了三种方法。方法 1 为"基准方法"和"区段方法";方法 2/方法 3 为以技术为基础的详细方法,称为"自下而上"方法。通过基准方法估算燃料燃烧的 CO_2 排放量可分为五部分:

(1)对进入某国的矿物燃料数量进行估算;

(2)完成碳单位的转换;

(3)将燃料中用于生产长期固碳材料的碳排量减掉;

(4)将燃料中未被氧化的碳乘以氧化因子进行计算;

(5)将所有燃料产生的 CO_2 进行加总计算。

《IPCC 2006 年指南》按照排放气体的种类来估算碳排放量。在燃烧过程中,大部分碳以 CO_2 形式迅速排放。但是,还有一些碳则以其他的形式排入大气中,如一氧化碳(CO)、甲烷(CH_4)等方式。作为非二氧化碳种类排出的多数碳最终会在大气中氧化成二氧化碳。其数量的估算可以依据非 CO_2 气体的排放估算值。

《IPCC 2006 年指南》共分为五卷,第一卷为一般指导及报告,包括数据收集方法等内容;第二卷为能源,主要内容包括固定源燃烧、移动源燃烧、逸散排放、二氧化碳的运输注入和地质储存等;第三卷为工业过程和产品使用,主要对采掘工业、化学工业、金属工业、电子工业等行业的碳排放量,对于采掘工业的研究主要包括水泥生产、石灰生产、玻璃生产及其他碳酸盐过程使用等;第四卷为农业、林业和其他土地利用;第五卷为废弃物和附表。对于煤炭行业的碳排放研究仅在第一卷第四章中进行了对地下开采煤矿和露天煤矿的逸散排放研究。

《IPCC 2006 年指南》提出了国际认可的方法学,可用于各国对于温室气体清单的估算,最终向"联合国气候变化框架公约"组织报告。清单中对于一些关键的概念提出了共同的理解,有助于使清单在各国之间具备可比性,避免产生重复计算或漏算。然而《IPCC 2006 年指南》中对于煤炭生产行业的碳排放源仅仅进行了一些简单的分析,尤其是对露天煤矿,只简单分析了逸散碳排放源。

2.1.3 碳足迹的计算方法

地球大气层中含有各种温室气体,二氧化碳(CO_2)、氧化亚氮(N_2O)、甲烷(CH_4)、六氟化硫(SF_6)、水汽(H_2O)和臭氧(O_3)等。因为水汽与臭氧在空气当中留存的时间和空间有很大的变换,所以当计算碳足迹时,通常将它们排除在外。

碳足迹从"生态足迹"发展而来，主要核算人类在生产和消费的活动中所排放出的对气候产生影响的温室气体的总量。随着国内外学者们的不断研究，现在对于碳足迹形成的共识包括以下三种：第一种观点与《IPCC 2006 年指南》的思想一致，重点放在化石燃料的燃烧过程中，认为碳足迹是由人类活动过程中燃料燃烧引起的碳排放量；第二种观点从产品生命周期的角度进行了研究，指某个产品在整个生命周期内从生产到消亡的整个时期所引起的碳排放量；第三种观点则是从环境承载力的角度进行分析，将碳足迹当作是能够衡量人类活动对环境所造成影响程度的指标。目前得到广泛认可的是第二种观点，认为碳足迹包含产品或服务从原材料采购到被当作废弃物处理完成整个时期的所有温室气体的排放量。[37,76,77]

碳足迹的理论从两个角度进行了研究：

（1）生命周期评估理论（Life Cycle Analysis，LCA），主要专注于以产品为导向的碳足迹的评价研究。[78]LCA 对某活动的行为进行分析时，评价这些活动自身或其他材料所直接导致的环境问题，但也包含一些其他活动或材料的附带效果。LCA 的分析思路为"从摇篮到坟墓"，该方法被越来越多地用于评估人类活动所造成的环境问题。此方法属于研究产品全生命周期内每个部分对能源的需求、原料的利用率和活动可能造成的污染排放量，包括对原料的开采、运输、制造、分销、使用、维护和废物处理等。

（2）投入产出理论（Input‐Output Analysis，IOA），主要应用领域为隐性能源和隐性碳排放。[76]IOA 研究经济体系内的"投入"与"产出"关系，在一定的经济理论指导下，利用掌握的统计信息建立相应的投入产出模型，综合研究国民经济体系内各部门、可再生能源生产过程中的关系的计量经济学的方法。[79,80]

碳足迹的估算方法分为两种，可以根据不同角度分成"自下而上"模型和"自上而下"模型。"自下而上"的方法指的是基于生命周期的过程分析法（Process Analysis‐Life Cycle Analysis，PA‐LCA），也是在碳足迹估算中应用比较广泛的方法。通过"自下而上"的方法，反映了一个产品从生产到消失的全部过程对环境造成的影响。PA‐LCA 以过程分析为起点，通过生命周期方法，得到输入与输出的数据，计算所研究对象在整个生命周期中的碳排放量。[81]

碳足迹核算方法的步骤为：[82]

（1）建立产品的生产流程图。对产品整个生命周期中涉及的所有原材料、活动和过程进行分析，为接下来的计算打下良好的基础。

（2）确定该系统的核算边界。在建立产品的生产流程图后，必须严格界定碳足迹产品的边界。包括产品的生产、使用和最终处置所产生的直接和间接的总碳排放量。对于占总碳排放量小于1%的项目、由人类活动引起的碳排放和其他消费者购买产品时运输所产生的碳排放量可以排除在外。

（3）数据收集。在对碳足迹进行计算时必须收集的数据包括产品整个生命周期中所包含的所有物质、活动的各类物质的消费量以及物质所对应的碳排放因子。

（4）计算碳足迹。首先建立质量平衡方程，使物质或能量的输入与输出保持平衡。按照既定的质量平衡方程，对产品生命周期内的各个阶段的碳排放量进行核算，计算公式是：

$$E = \sum_{i=1}^{n} Q_i \times C_i$$

式中，

E——产品碳足迹；

Q_i——第 i 个物质或活动的数量；

C_i——碳排放因子。

（5）结果测试。对碳足迹计算结果的准确性进行可靠性测试，使其不确定性降到最低，并最终提高碳足迹的效度。

虽然碳足迹的这种过程分析法在各种不同领域的碳排放核算中均能应用，但是目前该方法还有一些不足之处。①原始数据无法获取时，不可避免地需要使用辅助数据，可能会影响最终的碳足迹核算的可靠性；②对生产的原料和产品供应链的某些不是很重要的组成部分的分析稍显薄弱；③进入零售阶段的产品的碳排放量的信息很难得到，所以这个阶段只能使用平均的碳排放量。

2.1.4　企业温室气体盘查方法

企业温室气体的盘查需要满足五个原则，[83] 如下：

（1）相关性原则。选择符合使用者需要的温室气体的源与汇、温室气体储存库、相关数据及采用的方法。

（2）完整性原则。纳入所有相关的温室气体排放与移除。

（3）一致性原则。使温室气体的相关资料能够进行有意义的比较。

（4）准确性原则。尽可能依据实际情况减少偏差和不确定性。

（5）透明度原则。揭露充分且适当的温室气体相关资讯，使预期使用者做出合理可信的决策。

针对企业的温室气体盘查方法应用的前提是组织边界和运营边界的确定。

（1）组织边界的确定。

每个企业的组织架构和法人情况都有自身的特点，形式各不相同，如 AB 合资、A 独资等情况。当设定组织边界时，公司先选择一种可以合并温室气体排放量的方法，然后通过所选方法一致界定构成该公司的业务以及运营单位，最终核算并形成温室气体排放量报告。具体办法包括股权比例法、控制权法等。

（2）营运边界的确定。

当公司的组织边界明确以后，就要进行营运边界的确定。辨识公司一些营运业务的排放量，包括直接与间接的排放，并要确定排放的核算及报告范围。

直接温室气体排放是公司持有或控制的排放源的排放量；间接温室气体排放指由公司活动引起，却出现在其他公司所持有的排放源的温室气体排放。为更好地区分两者，针对温室气体核算和报告设定了三个"范围"。范围 1 为直接温室气体排放，如属于公司所有或公司使用其他单位的锅炉、熔炉和车辆等引起的碳排放；公司所有或公司租用的设备在生产过程中所造成的排放。范围 2 指公司消耗的电力所产生的碳排放。所核算电力的范围包括购买或通过一些别的形式划入到公司组织边界内的电力。范围 3 是可核算也可不核算的类别，可以对一些其他更加间接的排放核算，范围 3 中的排放源头是公司活动，但排放行为却是通过别的公司的排放源产生的，如委外制造、员工通勤或商务旅行和产品使用后所产生的排放。

当公司的盘查边界确定以后，一般通过几部分对其碳排放量进行核实：

（1）分析碳排放源；

（2）为不同温室气体排放量的核算选择合适的方法；

（3）收集核算过程中所需要的基础资料和数据，并确定碳排放因子；

（4）对碳排放量进行核算；

（5）将温室气体数据上报至上一级。

企业温室气体盘查方法的研究对象是企业，与本书的研究对象还有一定的区别，本书未按照露天煤矿所属企业进行核算，而是单独针对露天煤矿的生产过程进行碳排放量的核算。

2.2　中国煤炭生产企业温室气体排放核算方法

《中国煤炭生产企业温室气体排放核算方法与报告指南（试行）》由国家发展改革委委托国家应对气候变化战略研究和国际合作中心编制。本部分主要介绍其核算方法。该方法针对煤炭生产企业，对于露天煤矿仅简单介绍，所以本书将在此基础上详细研究露天煤矿的碳排放量核算。

2.2.1　适用范围

适用于我国煤炭生产企业温室气体排放量的核算。在中国境内从事煤炭开采和洗选活动的企业可按照本指南提供的方法核算企业的温室气体排放量。如果除煤炭生产外还存在其他生产活动且伴有温室气体排放的，还应参照其生产活动所属行业的企业温室气体排放核算方法与报告指南，核算并报告这些生产活动的温室气体排放量。

适用范围为在中国境内从事煤炭开采和洗选活动的独立法人企业或视同法人的独立核算单位，核算与报告的排放源类别和气体种类主要包括燃料燃烧二氧化碳排放、火炬燃烧二氧化碳排放、甲烷和二氧化碳逃逸排放以及净购入电力和热力隐含的二氧化碳排放。

2.2.2　术语和定义

（1）温室气体。

温室气体是指大气层中那些吸收和重新放出红外辐射的自然和人为的气态成分。《京都议定书》附件 A 所规定的六种温室气体分别为二氧化碳（CO_2）、甲烷（CH_4）、氧化亚氮（N_2O）、氢氟碳化物（HFCs）、全氟化碳（PFCs）和六氟化硫（SF_6）。对煤炭生产企业，除逃逸排放还须核算和报告 CH_4 外，其他均只核算 CO_2。

（2）报告主体。

报告主体指具有温室气体排放行为的独立法人企业或视同法人的独立核算单位。

（3）煤炭生产企业。

煤炭生产企业指通过煤炭开采（井工开采、露天开采）和洗选活动，生产各类煤炭产品的企业。

（4）燃料燃烧排放。

燃料燃烧排放指化石燃料出于能源利用目的的有意氧化过程产生的温室气体排放。化石燃料应包括煤炭生产企业回收自用的煤层气（煤矿瓦斯）。

（5）火炬燃烧排放。

火炬燃烧排放指出于安全、环保等目的将煤炭开采中涌出的煤层气（煤矿瓦斯）在排放前进行火炬处理而产生的温室气体排放。本指南中火炬燃烧排放仅考虑二氧化碳排放。

（6）逃逸排放。

逃逸排放指煤炭在开采、加工和输送过程中甲烷和二氧化碳的有意或无意的释放，主要包括井工开采、露天开采、矿后活动等环节的排放。

（7）井工开采的排放。

这指煤炭井下采掘过程中，煤层中赋存的甲烷和二氧化碳不断涌入煤矿巷道和采掘空间，并通过通风、抽放系统排放到大气中产生的甲烷和二氧化碳排放。

（8）露天开采的排放。

这指煤矿露天开采释放的和邻近暴露煤（地）层释放的甲烷排放。

（9）矿后活动的排放。

这指在煤炭洗选、储存、运输及燃烧前的粉碎等过程中，煤中残存瓦斯缓慢释放产生的甲烷排放。

（10）净购入电力和热力隐含的排放。

这主要指报告主体在报告期内净购入电力或热力（蒸汽、热水）所对应的生产过程中燃料燃烧产生的二氧化碳排放。

（11）活动水平数据。

报告主体在报告期内导致温室气体排放或清除的人为活动量，例如，化石燃料的燃烧量、购入的电量和蒸汽量等。

（12）排放因子。

排放因子指量化单位活动水平温室气体排放量或清除量的系数。排放因子通常基于抽样测量或统计分析获得，表示在给定操作条件下某一活动水平的代表性排放率或清除率。

（13）碳氧化率。

碳氧化率指燃料中的碳在燃烧过程被氧化的比率，表征燃料燃烧的充分性。

2.2.3 核算边界

2.2.3.1 企业边界

主体应以独立法人企业或视同法人的独立核算单位为企业边界，核算和报告在运营上受其控制的所有生产设施产生的温室气体排放。设施范围包括基本生产系统、辅助生产系统以及直接为生产服务的附属生产系统，其中辅助生产系统包通风、抽放、运输、提升、排水系统，以及厂区内的动力、供电、采暖、制冷、机修、仓库等，附属生产系统包括生产指挥管理系统（厂部）以及厂区内为生产服务的部门和单位（如职工食堂、车间浴室等）。

2.2.3.2 排放源和气体种类

报告主体应核算的排放源类别和气体种类包括：

（1）燃料燃烧 CO_2 排放，指化石燃料在各种类型的固定或移动燃烧设备中（如锅炉、燃烧器、涡轮机、加热器、焚烧炉、煅烧炉、窑炉、内燃机等）与氧气充分燃烧生成的 CO_2 排放；

（2）火炬燃烧 CO_2 排放，指煤层气（煤矿瓦斯）火炬燃烧产生的 CO_2 排放；

（3）CH_4 和 CO_2 逃逸排放，指煤炭生产中 CH_4 和 CO_2 的逃逸排放，包括井工开采、露天开采和矿后活动的排放；

（4）净购入电力和热力隐含的 CO_2 排放，该部分排放实际发生在生产这些电力或热力的企业，但由报告主体的消费活动引发，此处依照规定也计入报告主体的排放总量中。

煤炭生产企业温室气体排放源和核算边界如图 2-1 所示。

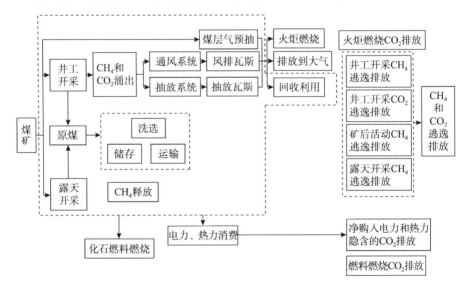

图 2-1 煤炭生产企业温室气体排放源和核算边界示意图

2.2.4 核算方法

在确定了核算边界以后，可采取以下步骤核算温室气体排放量：

（1）识别并确定不同生产环节的排放源类别；

（2）选择温室气体排放量计算公式；

（3）获取活动水平和排放因子数据；

（4）将收集的数据代入计算公式从而得到温室气体排放量结果；

（5）按照规定的格式，描述、归纳温室气体排放量计算过程和结果。

报告主体的温室气体（GHG）排放总量等于燃料燃烧 CO_2 排放量、火炬燃烧 CO_2 排放量、CH_4 和 CO_2 逃逸排放量、净购入电力和热力隐含的 CO_2 排放量之和。

$$E_{GHG} = E_{CO_2-燃烧} + E_{CO_2-火炬} + E_{CH_4-逃逸} \times GWP_{CH_4} + E_{CO_2-逃逸}$$
$$+ E_{CO_2-净电} + E_{CO_2-净热} \qquad (2-1)$$

式中，

E_{GHG}——企业温室气体排放总量，单位为吨 CO_2 当量；

$E_{CO_2-燃烧}$——化石燃料燃烧的 CO_2 排放量，单位为吨 CO_2；

$E_{CO_2-火炬}$——火炬燃烧的 CO_2 排放量，单位为吨 CO_2；

$E_{CH_4-逃逸}$——CH_4 逃逸排放量，单位为吨 CH_4；

GWP_{CH_4}——CH_4 相比 CO_2 的全球变暖潜势（GWP）值。根据 IPCC 第二次评估报告，100 年时间尺度内 1 吨 CH_4 相当于 21 吨 CO_2 的增温能力，因此 GWP_{CH_4} 等于 21；

$E_{CO_2-逃逸}$——CO_2 逃逸排放量，单位为吨 CO_2；

$E_{CO_2-净电}$——企业净购入电力隐含的 CO_2 排放量；

$E_{CO_2-净热}$——企业净购入热力隐含的 CO_2 排放量。

2.2.4.1 燃料燃烧 CO_2 排放

（1）计算公式。

燃料燃烧 CO_2 排放量基于企业边界内各个燃烧设施分品种的化石燃料燃烧量，乘以相应的燃料含碳量和碳氧化率，再逐层累加汇总得到，公式如下：

$$E_{CO_2-燃烧} = \sum_j \sum_i AD_{i,j} \times CC_{i,j} \times OF_{i,j} \times \frac{44}{12} \qquad (2-2)$$

式中，

$E_{CO_2-燃烧}$——化石燃料燃烧 CO_2 排放量，单位为吨 CO_2；

i——化石燃料的种类；

j——燃烧设施序号；

$AD_{i,j}$——燃烧设施 j 内燃烧的化石燃料品种 i 消费量，对固体或液体燃料以吨为单位，对气体燃料以标准状况下的体积（万 Nm^3）为单位，非标准状况下的体积需转化成标准状况下进行计算；

$CC_{i,j}$——设施 j 内燃烧的化石燃料 i 的含碳量，对固体和液体燃料以吨碳/吨燃料为单位，对气体燃料以吨碳/万 Nm^3 为单位；

$OF_{i,j}$——化石燃料 i 在燃烧设施 j 内的碳氧化率，无量纲，取值范围为 0~1；

$\dfrac{44}{12}$——CO_2 与碳（C）的分子量转换系数。

（2）活动水平数据的获取。

各燃烧设备分品种的化石燃料燃烧量应根据企业能源消费原始记录或统计台账确定，等于送往各类燃烧设备作为燃料燃烧的化石燃料部分，并应包括煤炭生产企业回收自用作燃料燃烧的那部分煤层气（煤矿瓦斯）。相关的能源计量应符合《GB 17167 用能单位能源计量器具配备和管理通则》要求。

（3）排放因子数据的获取。

① 化石燃料含碳量。

有条件的企业可自行或委托有资质的专业机构定期检测燃料的含碳量。燃料含碳量的测定应遵循《GB/T 476 煤中碳和氢的测量方法》《SH/T 0656 石油产品及润滑剂中碳、氢、氮测定法（元素分析仪法）》《GB/T 13610 天然气的组成分析气相色谱法》或《GB/T 8984 气体中一氧化碳、二氧化碳和碳氢化合物的测定（气相色谱法）》等相关标准，其中对煤炭应在每批次燃料入厂时或每月至少进行一次检测，并根据燃料入厂量或月消费量加权平均作为该煤种的含碳量；对油品可在每批次燃料入厂时或每季度进行一次检测，取算术平均值作为该油品的含碳量；对天然气等气体燃料可在每批次燃料入厂时或每半年至少检测一次气体组分，然后根据每种气体组分的体积浓度及该组分化学分子式中碳原子的数目计算含碳量：

$$CCg = \sum_n \left(\frac{12 \times CN_n \times V_n}{22.4} \times 10 \right) \qquad (2-3)$$

式中，

CCg——待测气体 g 的含碳量，单位为吨碳/万 Nm^3；

n——待测气体的各种气体组分；

CN_n——气体组分 n 化学分子式中碳原子的数目；

V_n——气体组分 n 的体积浓度，取值范围为 0 ~ 1，例如，CH_4 的体积浓度为 95%，则记为 0.95；

12——碳的摩尔质量，单位为 kg/kmol；

22.4——标准状况下理想气体的摩尔体积，单位为 Nm^3/kmol。

对常见商品燃料也可定期检测燃料的低位发热量再按公式（2-4）估算燃料的含碳量。

$$CC_i = NCV_i \times EF_i \qquad (2-4)$$

式中，

CC_i——化石燃料品种 i 的含碳量，对固体和液体燃料以吨碳/吨燃料为单位，对气体燃料以吨碳/万 Nm^3 为单位；

NCV_i——化石燃料品种 i 的低位发热量，对固体和液体燃料以百万千焦（GJ）/吨为单位，对气体燃料以 GJ/万 Nm^3 为单位；

EF_i——化石燃料品种 i 的单位热值含碳量，单位为吨碳/GJ。常见商品能源的单位热值含碳量参见表 2-2。对于企业回收用作自身燃料燃烧的煤层气（煤矿瓦斯），可选取表 2-2 中天然气的单位热值含碳量缺省值。

表 2-2 常见化石燃料特性参数缺省值

燃料品种		低位发热量	热值单位	单位热值含碳量（吨碳/GJ）	燃料碳氧化率
固体燃料	无烟煤*	20.304	GJ/吨	27.49×10^{-3}	94%
	烟煤*	19.570	GJ/吨	26.18×10^{-3}	93%
	褐煤*	14.080	GJ/吨	28.00×10^{-3}	96%
	洗精煤*	26.334	GJ/吨	25.40×10^{-3}	93%
	其他洗煤*	8.363	GJ/吨	25.40×10^{-3}	90%
	型煤	17.460	GJ/吨	33.60×10^{-3}	90%
	焦炭	28.447	GJ/吨	29.40×10^{-3}	93%
液体燃料	原油	42.620	GJ/吨	20.10×10^{-3}	98%
	燃料油	40.190	GJ/吨	21.10×10^{-3}	98%
	汽油	44.800	GJ/吨	18.90×10^{-3}	98%
	柴油	43.330	GJ/吨	20.20×10^{-3}	98%
	一般煤油	44.750	GJ/吨	19.60×10^{-3}	98%
	石油焦	31.998	GJ/吨	27.50×10^{-3}	98%
	其他石油制品	41.031	GJ/吨	20.00×10^{-3}	98%
	焦油	33.453	GJ/吨	22.00×10^{-3}	98%
	粗苯	41.816	GJ/吨	22.70×10^{-3}	98%

续表

燃料品种		低位发热量	热值单位	单位热值含碳量（吨碳/GJ）	燃料碳氧化率
液化石油气	炼厂干气	46.050	GJ/吨	18.20×10^{-3}	99%
	气体燃料	47.310	GJ/吨	17.20×10^{-3}	99%
	液化天然气	41.868	GJ/吨	17.20×10^{-3}	99%
	天然气	389.31	GJ/万 Nm³	15.30×10^{-3}	99%
	焦炉煤气	173.540	GJ/万 Nm³	13.60×10^{-3}	99%
	高炉煤气	33.000	GJ/万 Nm³	70.80×10^{-3}	99%
	转炉煤气	84.000	GJ/万 Nm³	49.60×10^{-3}	99%
	密闭电石炉炉气	111.190	GJ/万 Nm³	39.51×10^{-3}	99%
	其他煤气	52.270	GJ/万 Nm³	12.20×10^{-3}	99%

注：＊基于空气干燥剂。

资料来源：1）对低位发热量：《中国能源统计年鉴 2012》《2005 年中国温室气体清单研究》；

2）对单位热值含碳量：《2006 年 IPCC 国家温室气体清单指南》《省级温室气体清单编制指南（试行）》；

3）对碳氧化率：《省级温室气体清单编制指南（试行）》。

燃料低位发热量的测定应遵循《GB/T 213 煤的发热量测定方法》《GB/T 384 石油产品热值测定法》《GB/T 22723 天然气能量的测定》等相关标准，其中对煤炭应在每批次燃料入厂时或每月至少进行一次检测，以燃料入厂量或月消费量加权平均作为该燃料品种的低位发热量；对油品可在每批次燃料入厂时或每季度进行一次检测，取算术平均值作为该油品的低位发热量；对气体燃料可在每批次燃料入厂时或每半年进行一次检测，取算术平均值作为低位发热量。

没有条件实测的企业也可以参考表 2-2 对一些常见化石燃料的低位发热量直接取缺省值。

② 燃料碳氧化率。

液体燃料的碳氧化率可统一取缺省值 0.98；气体燃料（包括企业回收用作燃料燃烧的煤层气或煤矿瓦斯）的碳氧化率可统一取缺省值 0.99；固体燃料可参考表 2-2 按品种选取缺省值。

2.2.4.2 火炬燃烧 CO_2 排放

（1）计算公式。

煤层气（煤矿瓦斯）中的可燃气体组分主要有 CH_4、CO、乙烷（C_2H_6）、丙烷（C_3H_8）等含碳化合物，可根据煤矿瓦斯的火炬燃料量、除 CO_2 外其他含碳化合物的总含碳量和火炬燃烧的碳氧化率等参数来计算火炬燃烧的 CO_2 排放量。

$$E_{CO_2-火炬} = Q_{瓦斯-火炬} \times CC_{非CO_2} \times OF_{火炬} \times \frac{44}{12} \qquad (2-5)$$

式中，

$E_{CO_2-火炬}$——煤矿瓦斯火炬燃烧产生的 CO_2 排放量，单位为吨 CO_2；

$Q_{瓦斯-火炬}$——煤矿瓦斯的火炬燃烧量（混量），单位为万 Nm^3；

$CC_{非CO_2}$——煤矿瓦斯中除 CO_2 外其他含碳化合物的总含碳量，单位为吨碳/万 Nm^3，计算方法详见公式（2-6）；

$OF_{火炬}$——火炬燃烧的碳氧化率，无量纲，取值范围 0~1。

（2）活动水平数据的获取。

煤矿瓦斯的火炬燃烧量（混量）$Q_{瓦斯-火炬}$，可根据煤矿瓦斯输送管路、泵站的记录数据或火炬塔监测的数据获得。

（3）排放因子数据的获取。

①除 CO_2 外其他含碳化合物总含碳量。

计算煤矿瓦斯中除 CO_2 外其他含碳化合物的总含碳量 $CC_{非CO_2}$，应参考《GB/T 13610 天然气的组成分析气相色谱法》或《GB/T 8984 气体中一氧化碳、二氧化碳和碳氢化合物的测定（气相色谱法)》等相关标准，先计算煤矿瓦斯中除 CO_2 外其他含碳化合物的体积浓度，然后按照每一组分化学分子式中碳原子的数目计算总含碳量：

$$CC_{非CO_2} = \sum_n \left(\frac{12 \times CN_n \times V_n \times 10}{22.4} \right) \qquad (2-6)$$

式中，

$CC_{非CO_2}$——煤矿瓦斯中除 CO_2 外其他含碳化合物的总含碳量，单位为吨碳/万 Nm^3；

n——煤矿瓦斯中的各种气体组分，CO_2 除外；

CN_n——煤矿瓦斯中除 CO_2 外其他含碳化合物组分 n 化学分子式中碳原子的数目；

V_n——组分 n 的体积浓度，无量纲，取值范围为 0~1。

②火炬燃烧的碳氧化率。

煤矿瓦斯火炬燃烧的碳氧化率如无实测数据可取缺省值 0.98。

2.2.4.3 CH_4 和 CO_2 逃逸排放

煤炭生产企业的逃逸排放包括 CH_4 的逃逸排放和 CO_2 的逃逸排放两部分。

CH_4 的逃逸排放总量等于井工开采、露天开采和矿后活动三个阶段的 CH_4 逃逸排放量之和。

$$E_{CH_4-逃逸} = E_{CH_4-井工} + E_{CH_4-露天} + E_{CH_4-矿后} \qquad (2-7)$$

式中，

$E_{CH_4-逃逸}$——煤炭生产企业的 CH_4 逃逸排放总量，单位为吨 CH_4；

$E_{CH_4-井工}$——井工开采的 CH_4 逃逸排放量，单位为吨 CH_4；

$E_{CH_4-露天}$——露天开采的 CH_4 逃逸排放量，单位为吨 CH_4；

$E_{CH_4-矿后}$——矿后活动的 CH_4 逃逸排放量，单位为吨 CH_4。

煤炭开采活动中伴随着 CH_4 的释放通常也会排放一定量的 CO_2，在一些高瓦斯矿井和煤（岩）与瓦斯（CO_2）突出矿井，CO_2 的涌出量甚至可能大于 CH_4 的涌出量。井工开采的 CO_2 逃逸排放计算方法见第 2.2.4.3（2）部分。

1. 井工开采的 CH_4 逃逸排放

（1）计算公式。

井工开采的 CH_4 逃逸排放量等于 CH_4 的风排量，加上 CH_4 的抽放量，减去 CH_4 的火炬销毁量，再减去 CH_4 的回收利用量。

$$E_{CH_4-井工} = \left(\sum Q_{CH_4-风排} + \sum Q_{CH_4-抽放} - Q_{CH_4-火炬} - Q_{CH_4-利用} \right) \times 7.17 \quad (2-8)$$

式中，

$E_{CH_4-井工}$——井工开采的 CH_4 逃逸排放量，单位为吨 CH_4；

$Q_{CH_4-风排}$——各矿井通风系统的 CH_4 风排量，单位为万 Nm^3；

$Q_{CH_4-抽放}$——各矿井抽放系统的 CH_4 抽放量，单位为万 Nm^3；

$Q_{CH_4-火炬}$——CH_4 的火炬销毁量，单位为万 Nm^3；

$Q_{CH_4-利用}$——CH_4 的回收利用量，单位为万 Nm^3；

7.17 是标准状况下 CH_4 的密度，单位为吨 CH_4/万 Nm^3。

（2）活动水平数据的获取。

①CH_4 的风排量。

风排瓦斯是煤炭生产企业 CH_4 逃逸排放的主要排放源，虽然在煤矿乏风中 CH_4 的浓度并不高（一般在1%以下），但由于煤矿生产要求源源不断地进行通风，所以排放量巨大。我国煤矿多采用抽出式通风，一般在风硐或通风机扩散器处会设置有风速仪来测量风量。

目前我国大部分井工煤矿已安装了数字化煤矿瓦斯监测监控系统，已基本实现对煤矿瓦斯的连续监测。对于具备瓦斯连续监测条件的矿井，应分别使用公式（2-9）和（2-10）来计算每小时监测到的进风巷和回风巷的 CH_4 携带量：

$$Q_{进—CH_4} = \frac{1}{A} \sum_{a=1}^{A} (Q_{进} \times C_{进—CH_4}) \times 60 \times 10^{-4} \qquad (2-9)$$

式中，

$Q_{进—CH_4}$——1 小时内进风巷风流中 CH_4 的量，单位为万 Nm^3/小时；

a——1 小时内进风巷的第 a 次监测；

A——1 小时内进风巷的监测次数；

$Q_{进}$——进风巷第 a 次监测的风流量，单位为 Nm^3/min；

$C_{进—CH_4}$——进风巷第 a 次监测的 CH_4 体积浓度，无量纲，取值范围 0~1；

$$Q_{回—CH_4} = \frac{1}{B} \sum_{b=1}^{B} (Q_{回} \times C_{回—CH_4}) \times 60 \times 10^{-4} \qquad (2-10)$$

式中，

$Q_{回—CH_4}$——1 小时内回风巷风流中 CH_4 的量，单位为万 Nm^3/小时；

b——1 小时内回风巷的第 b 次监测；

B——1 小时内回风巷的监测次数；

$Q_{回}$——回风巷第 b 次监测的风流量，单位为 Nm^3/min；

$C_{回—CH_4}$——回风巷第 b 次监测的 CH_4 体积浓度，无量纲，取值范围 0~1；

井工开采的 CH_4 风排量等于煤矿运行期间回风巷 CH_4 携带总量与进风巷 CH_4 携带总量之差：

$$Q_{CH_4—风排} = \sum_{T} (Q_{回—CH_4} - Q_{进—CH_4})_T \qquad (2-11)$$

式中，

$Q_{CH_4—风排}$——该矿井当年的 CH_4 风排量，单位为万 Nm^3；

T——矿井当年的运行小时数，单位为小时；

$Q_{回—CH_4}$——矿井运行 1 小时内回风巷风流中 CH_4 的量，单位为万 Nm^3/小时；

$Q_{进—CH_4}$——矿井运行 1 小时内进风巷风流中 CH_4 的量，单位为万 Nm^3/小时；

对于尚不具备瓦斯连续监测条件的矿井，可参考公式（2-12）和（2-13）来计算 CH_4 的风排量。在每个正常生产月份，上中下旬各选择一天（间隔 10 天），每天按班制每个班次测定一次进风巷和回风巷的风流量和 CH_4 浓度。测点应布置在每一台主要通风机的风硐、各水平、各煤层和各采区的进、回风道测风站内。如无测风站，则应选取断面规整并无杂物堆积的一段平直巷道做测点。每一测定班的测定时间应选在生产正常时刻进行，并尽可能在同一时刻进行测定工作。以每月 9 次或 12 次测定数据的平均值表示当月平均每分钟的 CH_4 风排量（Nm^3/min）：

$$q_{CH_4-风排} = \frac{1}{N} \sum_{n=1}^{N} (Q_回 \times C_{回-CH_4} - Q_进 \times C_{进-CH_4})_n \qquad (2-12)$$

式中，

$q_{CH_4-风排}$——测定当月平均每分钟的 CH_4 风排量，单位为 Nm^3/min；

N——每月测定次数，采用三班制的矿井 $N=9$，采用四班制的矿井 $N=12$；

n——测定序号，采用三班制的矿井 $n=1$，2，$\cdots$，9；采用四班制的矿井 $n=1$，2，$\cdots$，12；

$Q_回$——第 n 班回风巷风流中的风流量，单位为 Nm^3/min；

$C_{回-CH_4}$——第 n 班回风巷风流中的 CH_4 体积浓度，无量纲，取值范围 $0 \sim 1$；

$Q_进$——第 n 班进风巷风流中的风流量，单位为 Nm^3/min；

$C_{进-CH_4}$——第 n 班进风巷风流中的 CH_4 体积浓度，无量纲，取值范围 $0 \sim 1$。

然后根据矿井当月的实际工作日数计算当月的 CH_4 风排量，加总得到矿井当年风排 CH_4 总量：

$$Q_{CH_4-风排} = \sum_{m=1}^{12} (q_{CH_4-风排} \times d)_m \times 60 \times 24 \times 10^{-4} \qquad (2-13)$$

式中，

$Q_{CH_4-风排}$——矿井当年风排 CH_4 总量，单位为万 Nm^3；

m 代表月份数，$m=1$，2，3，$\cdots$，12；

$q_{CH_4-风排}$——测定当月平均每分钟的 CH_4 风排量，单位为 Nm^3/min；

d——矿井当月的实际工作日数，单位为天。

② CH_4 的抽放量。

CH_4 的抽放包括煤层气抽采和煤矿瓦斯抽放两个过程，各矿井的 CH_4 抽放量（$Q_{CH_4-抽放}$）可直接根据瓦斯抽放泵站记录的流量数据和 CH_4 体积浓度数据计算得出。

③ CH_4 的火炬销毁量。

CH_4 的火炬销毁量是指通过火炬销毁而未产生排放的 CH_4 的量。

$$Q_{CH_4-火炬} = Q_{瓦斯-火炬} \times V_{CH_4} \times OF_{火炬} \qquad (2-14)$$

式中，

$Q_{CH_4-火炬}$——CH_4 的火炬销毁量（纯量），单位为万 Nm^3；

$Q_{瓦斯-火炬}$ 同公式（2-5）——煤矿瓦斯的火炬燃烧量（混量），单位为万 Nm^3；

V_{CH_4}——煤矿瓦斯中 CH_4 的体积浓度，无量纲，取值范围为 0~1，可根据气体成分监测获得；

$OF_{火炬}$——火炬燃烧的碳氧化率。

④ CH_4 的回收利用量。

风排瓦斯和抽放瓦斯除火炬燃烧外，在直接排放到大气之前，可通过多种方式加以回收利用。CH_4 的回收利用量是指企业除火炬燃烧外回收利用的瓦斯气体（包括回收自用和回收外供）中 CH_4 的纯量。

$$Q_{CH_4-利用} = Q_{瓦斯-利用} \times V_{CH_4} \qquad (2-15)$$

式中，

$Q_{CH_4-利用}$——CH_4 的回收利用量（纯量），单位为万 Nm^3；

$Q_{瓦斯-利用}$——企业回收利用的瓦斯气体量（混量），包括企业回收自用和企业回收外供，单位为万 Nm^3，可根据煤层气（煤矿瓦斯）输送管路、泵站的记录数据获得；

V_{CH_4}——企业回收利用的瓦斯气体中 CH_4 的体积浓度，无量纲，取值范围为 0~1，可根据气体成分监测获得。

企业回收瓦斯气体并自用作为燃料燃烧的，其燃料燃烧的 CO_2 排放应计算在第 2.2.4.1 "燃料燃烧 CO_2 排放" 部分。企业回收瓦斯气体用作自身化工产品生产的工业生产过程排放应参照《中国化工生产企业温室气体排放核算方法与报告指南（试行）》计算排放量，并加总到企业温室气体排放总量中。

企业回收并作为产品外供的瓦斯气体在利用环节产生的温室气体排放不在报告主体的计算范围之内。

2. 井工开采的 CO_2 逃逸排放

（1）计算公式。

井工开采的 CO_2 逃逸排放量等于通风系统排放的 CO_2 量，加上抽放系统排放的 CO_2 量，减去企业回收利用的瓦斯气体中本有的 CO_2 纯量。

$$E_{CO_2-逃逸} = \left(\sum Q_{CO_2-风排} + \sum Q_{CO_2-抽放} - \sum Q_{CO_2-利用} \right) \times 19.7 \qquad (2-16)$$

式中，

$E_{CO_2-逃逸}$——井工开采的 CO_2 逃逸排放量，单位为吨 CO_2；

$Q_{CO_2-风排}$——各矿井通风系统的 CO_2 排放量，单位为万 Nm^3；

$Q_{CO_2-抽放}$——各矿井抽放系统的 CO_2 排放量，单位为万 Nm^3；

$Q_{CO_2-利用}$——企业回收利用的瓦斯气体中本有的 CO_2 纯量，单位为万 Nm^3；

19.7 为标准状况下 CO_2 的密度，单位为吨 CO^2/万 Nm^3。

（2）活动水平数据的获取。

① CO_2 的风排量。

与计算井工开采 CH_4 风排量的方法类似，对于具备 CO_2 连续监测条件的矿井，先分别计算每小时进风巷和回风巷的 CO_2 携带量：

$$Q_{进-CO_2} = \frac{1}{A} \sum_{a=1}^{A} (Q_{进} \times C_{进-CO_2})_a \times 60 \times 10^{-4} \qquad (2-17)$$

式中，

$Q_{进-CO_2}$——1 小时内进风巷风流中 CO_2 的量，单位为万 Nm^3/小时；

a——1 小时内进风巷的第 a 次监测；

A——1 小时内进风巷的监测次数；

$Q_{进}$——进风巷第 a 次监测的风流量，单位为 Nm^3/min；

$C_{进-CO_2}$——进风巷第 a 次监测的 CO_2 体积浓度，无量纲，取值范围 0~1；

$$Q_{回-CO_2} = \frac{1}{B} \sum_{b=1}^{B} (Q_{回} \times C_{回-CO_2})_b \times 60 \times 10^{-4} \qquad (2-18)$$

式中，

$Q_{回-CO_2}$——1 小时内回风巷风流中 CO_2 的量，单位为万 Nm^3/小时；

b——1 小时内回风巷的第 b 次监测；

B——1 小时内回风巷的监测次数；

$Q_{回}$——回风巷第 b 次监测的风流量，单位为 Nm^3/min；

$C_{回-CO_2}$——回风巷第 b 次监测的 CO_2 体积浓度，无量纲，取值范围 0~1；

井工开采的 CO_2 风排量等于煤矿运行期间回风巷 CO_2 携带总量与进风巷 CO_2 携带总量之差：

$$Q_{CO_2-风排} = \sum_T (Q_{回-CO_2} - Q_{进-CO_2})_T \qquad (2-19)$$

式中，

$Q_{CO_2-风排}$——该矿井当年的 CO_2 风排量，单位为万 Nm^3；

T——矿井当年的运行小时数，单位为小时；

$Q_{回-CO_2}$——矿井运行 1 小时内回风巷风流中 CO_2 的量，单位为万 Nm^3/小时；

$Q_{进-CO_2}$——矿井运行 1 小时内进风巷风流中 CO_2 的量，单位为万 Nm^3/小时。

对于尚不具备 CO_2 连续监测条件的矿井，在每个正常生产月份，上中下旬各选择一天（间隔 10 天），每天按班制每个班次测定一次进风巷和回风巷的风流量和 CO_2 浓度。测点应布置在每一台主要通风机的风硐、各水平、各煤层和各采区的进、回风道测风站内。如无测风站，则应选取断面规整并无杂物堆积的一段平直巷道做测点。每一测定班的测定时间应选在生产正常时刻进行，并尽可能在同一时刻进行测定工作。以每月 9 次或 12 次测定数据的平均值表示当月平均每分钟的 CO_2 风排量（Nm^3/min）：

$$q_{CO_2-风排} = \frac{1}{N} \sum_{n=1}^{N} (Q_回 \times C_{回—CO_2} - Q_进 \times C_{进—CO_2})_n \qquad (2-20)$$

式中，

$q_{CO_2-风排}$——测定当月平均每分钟的 CO_2 风排量，单位为 Nm^3/min；

N——每月测定次数，采用三班制的矿井 N = 9，采用四班制的矿井 N = 12；

n——测定序号，采用三班制的矿井 n = 1，2，…，9；采用四班制的矿井 n = 1，2，…，12；

$Q_回$——第 n 班回风巷风流中的风流量，单位为 Nm^3/min；

$C_{回—CO_2}$——第 n 班回风巷风流中的 CO_2 体积浓度，无量纲，取值范围 0 ~ 1；

$Q_进$——第 n 班进风巷风流中的风流量，单位为 Nm^3/min；

$C_{进—CO_2}$——第 n 班进风巷风流中的 CO_2 体积浓度，无量纲，取值范围 0 ~ 1。

然后根据矿井当月的实际工作日数计算当月的 CO_2 风排量，加总得到矿井年 CO_2 逃逸量：

$$Q_{CO_2-风排} = \sum_{m=1}^{12} (q_{CO_2-风排} \times d)_m \times 60 \times 24 \times 10^{-4} \qquad (2-21)$$

式中，

$Q_{CO_2-风排}$——该矿井当年的 CO_2 风排量，单位为万 Nm^3；

m——月份数，m = 1，2，3，…，12；

$q_{CO_2-风排}$——测定当月平均每分钟的 CO_2 风排量，单位为 Nm^3/min；

d——矿井当月的实际工作日数，单位为天。

② CO_2 的抽放量。

各矿井 CO_2 的抽放量（$Q_{CO_2-抽放}$）可直接根据瓦斯抽放泵站记录的流量数据和 CO_2 的体积浓度数据计算得出。

③ 企业回收利用的瓦斯气体中本有的 CO_2 纯量。

$$Q_{CO_2-利用} = Q_{瓦斯-利用} \times V_{CO_2} \qquad (2-22)$$

式中，

$Q_{CO_2-利用}$——企业回收利用的瓦斯气体中本有的 CO_2 纯量，单位为万 Nm^3；

$Q_{瓦斯-利用}$同公式（2-15）——企业回收利用的瓦斯气体量（混量），单位为万 Nm^3；

V_{CO_2}——企业回收利用的瓦斯气体中 CO_2 的体积浓度，无量纲，取值范围为 0~1，可根据气体成分监测获得。

3. 露天开采的 CH_4 逃逸排放

（1）计算公式。

露天煤矿开采的 CH_4 逃逸排放量，等于露天煤矿的原煤产量，乘以露天开采的 CH_4 排放因子。

$$E_{CH_4-露天} = AD_{原煤-露天} \times EF_{CH_4-露天} \times 10^{-3} \qquad (2-23)$$

式中，

$E_{CH_4-露天}$——露天开采的 CH_4 逃逸排放量，单位为吨 CH_4；

$AD_{原煤-露天}$——露天煤矿的原煤产量，单位为吨；

$EF_{CH_4-露天}$——露天开采的 CH_4 排放因子，单位为 kg CH_4/吨原煤。

（2）活动水平数据的获取。

公式（2-23）所需的活动水平数据 $AD_{原煤-露天}$ 直接以企业的露天煤矿原煤产量计。

（3）排放因子数据的获取。

我国露天煤矿的煤炭产量仅占总产量的 10% 左右，且集中分布在内蒙古和山西等地。这些煤矿的煤层瓦斯含量较低，且煤种多为煤化程度较低的褐煤。有条件的企业应实测露天煤矿的 CH_4 排放因子，没有条件实测的企业可根据表 2-3 选取露天开采的 CH_4 排放因子缺省值。

表 2-3　露天开采和矿后活动 CH_4 排放因子缺省值

类别		CH_4 排放因子（kg CH_4/吨原煤）
露天开采		1.34
矿后活动	高瓦斯矿井	2.01
	低瓦斯矿井	0.6
	露天煤矿	0.34

资料来源：《省级温室气体清单编制指南（试行）》。

4. 矿后活动的 CH_4 逃逸排放

（1）计算公式。

$$E_{CH_4-矿后} = AD_{原煤-矿后} \times EF_{CH_4-矿后} \times 10^{-3} \qquad (2-24)$$

式中，

$E_{CH_4-矿后}$——矿后活动的 CH_4 逃逸排放量，单位为吨 CH_4；

$AD_{原煤-矿后}$——企业的原煤产量，单位为吨原煤；

$EF_{CH_4-矿后}$——矿后活动的 CH_4 排放因子，单位为 kg CH_4/吨原煤。

（2）活动水平数据的获取。

矿后活动的 CH_4 逃逸排放量与煤炭的残存瓦斯量有关。根据《AQ 1018 矿井瓦斯涌出量预测方法》：随着煤变质程度的提高（挥发份成分减少），煤的残存瓦斯含量显著增大。企业应按照高瓦斯矿、低瓦斯矿和露天煤矿来区分不同来源的原煤的产量。

（3）排放因子数据的获取。

报告主体可根据《省级温室气体清单编制指南（试行）》或表 3-2 选取矿后活动的 CH_4 排放因子缺省值。

2.2.4.4　净购入电力和热力隐含的 CO_2 排放

1. 计算公式

企业净购入电力隐含的 CO_2 排放以及净购入热力隐含的 CO_2 排放分别按公式（2-25）和公式（2-26）计算：

$$E_{CO_2-净电} = AD_{电力} \times EF_{电力} \qquad (2-25)$$

$$E_{CO_2-净热} = AD_{热力} \times EF_{热力} \qquad (2-26)$$

式中，

$E_{CO_2-净电}$——企业净购入的电力隐含的 CO_2 排放量，单位为吨 CO_2；

$E_{CO_2-净热}$——企业净购入的热力隐含的 CO_2 排放量，单位为吨 CO_2；

$AD_{电力}$——企业净购入的电力消费量，单位为兆瓦时（MWh）；

$AD_{热力}$——企业净购入的热力消费量，单位为 GJ；

$EF_{电力}$——电力供应的 CO_2 排放因子，单位为吨 CO_2/MWh；

$EF_{热力}$——热力供应的 CO_2 排放因子，单位为吨 CO_2/GJ。

2. 活动水平数据的获取

企业净购入的电力消费量，以企业和电网公司结算的电表读数或企业能源消费台账或统计报表为据，等于购入电量与外供电量的净差。

企业净购入的热力消费量，以热力购售结算凭证或企业能源消费台账或统计报表为据，等于购入蒸汽、热水的总热量与外供蒸汽、热水的总热量之差。

以质量单位计量的热水可按公式（2-27）转换为热量单位：

$$AD_{热力} = Ma_w \times (T_w - 20) \times 4.1868 \times 10^{-3} \qquad (2-27)$$

式中，

$AD_{热力}$——热水的热量，单位为 GJ；

Ma_w——热水的质量，单位为吨热水；

T_w——热水温度，单位为℃；

4.1868 为水在常温常压下的比热，单位为 kJ/（kg·℃）。

以质量单位计量的蒸汽可按公式（2-28）转换为热量单位：

$$AD_{蒸汽} = Ma_{st} \times (En_{st} - 83.74) \times 10^{-3} \qquad (2-28)$$

式中，

$AD_{蒸汽}$——蒸汽的热量，单位为 GJ；

Ma_{st}——蒸汽的质量，单位为吨蒸汽；

En_{st}——蒸汽所对应的温度、压力下每千克蒸汽的热焓，单位为 kJ/kg。

2.3　本章小结

本章主要对常用的碳排放核算方法和不确定性分析方法进行了归纳和介绍。《IPCC 2006 年指南》是一种基于国家层面的温室气体清单编制方法，对于煤炭行业有一定的借鉴意义；碳足迹方法以产品为核心，分为"自下而上"和"自上而下"两种核算方法，其中自下而上的方法较为广泛，对产品从原料购买一直到以废弃物形式处理整个生命周期中的碳排放量，摒弃了"有烟囱才有污染"的观念；企业温室气体盘查法的碳排放量核算对象是企业，对企业的温室气体排放量的核算分为五个步骤，确认排放源、选择计算方法、收集数据和选择排放系数、运用计算工具、将数据汇总到公司一级；《中国煤炭生产企业温室气体排放核算方法与报告指南（试行）》由国家发展改革委委托国家应对气候变化战略研究和国际合作中心编制，本章主要介绍了其中的核算方法部分。对敏感性分析和均衡分析等不确定性分析方法进行了简要介绍，敏感性分析方法可用于对露天煤矿碳排放水平的主要影响因素的辨识中，均衡方法可应用于不同开采工艺系统单一因素发生变化时两种不同开采工艺系统的临界值分析中。

3 露天煤矿碳排放量核算模型构建

露天煤矿碳排放量核算研究是推进露天煤矿实现低碳化的重要基础。摸清露天煤矿碳排放量也是实现露天煤矿碳排放水平标准化的前提。露天煤矿生产过程中的碳排放量是用于表征露天煤矿的能源利用率以及其生产过程对环境造成的影响的指标。从长远的角度分析，对温室气体排放的减少可缓解气候变化，因此，发展低碳经济将是全球经济发展的一种必然趋势。从近期目标看，中国承诺了具体量化的碳减排任务，露天煤矿作为中国最主要的能源煤炭生产行业中的一个重要组成部分，对生产过程中的温室气体排放量进行核算将是必然的。露天煤矿的碳排放量核算对寻找露天煤矿的碳减排途径具有很好的指导作用，同时也为将来可能的碳税征收和碳权交易建立基础。

书中露天煤矿碳排放量特指生产环节的当量二氧化碳排放量。对于露天煤矿碳排放量的核算方法分为两种。

第一种方法为露天煤矿碳排放量初步估算法。该方法主要应用《IPCC 2006 年指南》的思想进行模型构建。这种方法不考虑露天煤矿的生产环节，主要核算露天煤矿主要碳排放源的碳排放量，只需获取主要碳排放源的相关数据即可获得。将该方法对应的模型命名为露天煤矿碳排放量初步核算模型。

该方法能够初步核算露天煤矿的碳排放量，可较为快速地得到露天煤矿的整体碳排放水平及单位碳排放水平。其中，单位碳排放水平通过两个指标衡量，第一个是吨煤碳排放量，第二个是单位剥采量碳排放量。以一年为计算周期，吨煤碳排放量是指在一年内露天煤矿生产造成的碳排放量与原煤产量之商；单位剥采量碳排放量是指一年内露天煤矿生产引起的碳排放量除以剥采总量。该方法适用于对露天煤矿碳排放量的初步估算，仅能提供露天煤矿的整体碳排放量和单位碳排放量，其局限性表现在未能结合露天煤矿的生产环节，无法进一步分析露天煤矿各个生产环节的碳排放情况。

第二种方法为结合露天煤矿碳排放量初步估算法，对露天煤矿的各个生产环节进行碳排放量核算，该方法命名为基于生产环节的露天煤矿碳排放量核算法。此方法结合露天煤矿的具体特性，对研究对象的碳排放量核算采用三种方法相结合的思路展开，首先运用碳足迹方法中生命周期的思想将露天煤矿划分为不同的生产环节，然后结合企业温室气体盘查法中的数据收集等内容对露天煤矿的碳排放量核算进行研究，同时运用《IPCC 2006 年指南》中的计算方法对露天煤矿逸散形成的碳排放量进行核算。此方法在一定程度上弥补了露天煤矿碳排放量初步估算法所存在的局限性。采用碳足迹方法的全生命周期思想，将露天煤矿的几个主要生产环节进行分阶段的分析，能够得到露天煤矿各个主要生产环节的碳排放水平。其缺点是需要更多的基础数据，数据收集存在一定的困难，数据处理工作较为复杂。

将露天煤矿的碳排放量核算简单归纳为 4 个步骤。

（1）确定露天煤矿碳排放量核算边界。

露天煤矿核算的碳排放量主要指露天煤矿生产环节的碳排放量。员工出行、办公等造成的碳排放量并不计入其中。

（2）识别露天煤矿的碳排放源并确定碳排放因子。

确定碳排放源是进行露天煤矿碳排放量核算的基础。只有清楚地知道露天煤矿的主要碳排放源，才可以进行碳排放量核算的后续工作。碳排放因子的选取需要根据具体情况来确定。最真实的方法是实测法。当不具备实测条件时可以选用已有的官方的碳排放因子进行计算。如无本国公布的碳排放因子，可参考《IPCC 2006 年指南》中的相关碳排放因子。

（3）收集露天煤矿碳排放量核算中需要的相关资料及数据。

在已知碳排放源的情况下收集相关数据，收集时尽可能通过可靠的途径，保证数据的可信度和真实性。对数据进行判断，从源头上保证数据的准确性。在已知露天煤矿碳排放源的情况下可以编制需要收集数据的统一表格。所需要的数据层次还取决于所采用的方法。如采用的是露天煤矿碳排放量初步估算法，则需要的数据包括各种能源消耗量、煤产量、剥采总量、炸药消耗量等。如采用的是基于生产环节的露天煤矿碳排放量核算法，则需要收集各个生产环节的能源消耗、煤产量、剥采总量和炸药消耗量等。

（4）核算露天煤矿碳排放量。

运用建立好的露天煤矿碳排放量核算模型计算露天煤矿的碳排放量。

3.1　露天煤矿碳排放源的识别

露天煤矿碳排放量核算的研究要从分析露天煤矿的碳排放源开始。碳排放源一般分为直接排放源、间接排放源和其他间接排放源。对于露天煤矿，直接碳排放源是指露天煤矿各个生产环节引起的碳排放。间接碳排放源则是指为了满足露天煤矿的作业而排放的属于其他公司拥有或控制的一些排放源，如外购电力。其他间接排放源是指员工通勤等。本研究仅核算露天煤矿的直接碳排放源和间接碳排放源。

通过对露天煤矿的生产过程进行分析，露天煤矿温室气体的来源主要有五个方面，一是燃油消耗引起的碳排放，如柴油、汽油的消耗；二是爆破环节炸药发生化学反应释放温室气体；三是露天煤矿开采过程中部分温室气体的逸散；四是露天煤矿非受控自燃引起的碳排放；五是间接碳排放源——电力引起的碳排放。书中将五个碳排放源简称为：燃油、炸药、逸散、自燃和电力。

（1）燃油碳排放源。

露天煤矿燃油消耗的种类主要是柴油和汽油，一般露天煤矿的柴油用量要远高于汽油用量。露天煤矿柴油、汽油的主要用途是设备动力。一座千万吨级的露天煤矿每年燃油的消耗量可达数万吨，燃油不仅是露天采矿成本的主要组成部分，也是露天煤矿温室气体的主要排放源。它们产生的温室气体包括 CO_2、CH_4 和 N_2O。虽然生成的 CH_4 和 N_2O 量相对 CO_2 量较小，但为保证核算的完整性，要将这两种温室气体的排放量换算为二氧化碳当量计入到碳排放量。

（2）炸药碳排放源。

对于我国大型露天煤矿的矿岩准备环节，应用最多的是爆破松碎法。露天煤矿爆破作业中通过炸药爆破进行作业，爆炸过程中产生温室气体，属于露天煤矿具有行业特色的碳排放源。千万吨级的露天煤矿年炸药消耗量可达数万吨。露天煤矿的常用炸药在爆炸时会释放出大量的 CO_2，是露天煤矿的碳排放源之一。在露天煤矿的矿岩准备环节，硬岩的爆破通常使用铵油炸药，该炸药在爆炸过程中会释放大量的温室气体，属于露天煤矿特有的碳排放源。[84]

（3）逸散碳排放源。

逸散是指在采矿过程当中，因为采矿活动而对煤层的原始状态造成了破坏，使原本在煤层中赋存的 CO_2 等温室气体排放到空气当中。因为露天煤矿已开采的煤层和周围层可能包含 CH_4 和 CO_2，所以露天煤矿的采掘会产生排放。尽管气体含量通常小于较深的地下煤层，但也必须计入露天煤矿的温室气体中。书中所指的逸散特指甲烷气体。

（4）自燃碳排放源。

自燃是露天煤矿中的一种常见灾害。因为露天煤矿的采煤工作面长期暴露，导致煤发生氧化反应，当达到一定条件时便会引起自燃。自燃又称为非受控燃烧。自燃是露天煤矿中主要的环境问题之一，首先造成了资源的浪费，其次为露天煤矿的安全开采造成了不良隐患，而且自燃会使温室气体和对环境有影响的气体被排入大气中。自燃所引起的碳排放在不同的露天煤矿情况各不相同，对其排放量的计算需要进行大量的实地调查或监测。另外，在对露天煤矿的开采过程中不可避免地会有少量的煤混入到剥离物中被运至排土场，这部分煤或煤矸石也会通过缓慢的氧化反应产生 CO_2。[87]

（5）电力碳排放源。

露天煤矿生产过程中需要使用大量的电力。露天煤矿的各种大型采掘设备多为电力驱动，功率很大，且露天煤矿电力来源多为火力发电厂。火力发电厂提供的电力的碳排放因子偏大。所以，露天煤矿的电力消耗是露天煤矿最主要的间接碳排放源。

3.2　露天煤矿碳排放因子的确定

根据露天煤矿的碳排放源可知，需要确定的碳排放因子包括柴油碳排放因子、汽油碳排放因子、炸药碳排放因子、逸散碳排放因子、自燃的碳排放因子和电力的碳排放因子。

3.2.1　露天煤矿燃料的碳排放因子

参考 2006 年中碳排放因子的计算方法，可计算燃料的碳排放因子。其计算公式为（3-1）。

CO_2 排放因子的计算公式为：

$$EF_{CO_2} = \frac{44}{12} \times C \times \alpha \qquad (3-1)$$

式中：

EF_{CO_2}——燃料的 CO_2 排放因子，kg/TJ；

C——燃料的碳含量，kg/TJ；

α——燃料的碳氧化因子；

44/12——C 与 CO_2 的转换系数。

在《IPCC 指南》（2006 版）中，部分燃料燃烧排放的温室气体主要指 CO_2、CH_4 和 N_2O，它们的缺省排放因子见表 3 - 1，缺省是指默认值。其中，CO_2 排放因子的缺省值可通过公式（3 - 1）计算得到，其假设前提是燃料的碳氧化因子为 1。

表 3 - 1 《IPCC 2006 年指南》部分燃料的缺省排放因子　　单位：kg/TJ

燃料类型	缺省碳含量	CO_2 排放因子缺省值	CH_4 排放因子缺省值	N_2O 排放因子缺省值
车用汽油	18900	69300	3	0.6
煤油	19600	71900	3	0.6
汽油/柴油	20200	74100	3	0.6
残留燃料油	21100	77400	3	0.6
无烟煤	26800	98300	1	1.5
炼焦煤	25800	94600	1	1.5
褐煤	27600	101000	1	1.5
天然气	15300	56100	1	0.1
生物汽油	19300	70800	3	0.6
生物柴油	19300	70800	3	0.6

参考上述计算方法，对表 3 - 1 中的排放因子进行单位换算，统一换算成单位 t/t，即每吨燃料燃烧释放的当量二氧化碳量为多少吨。则其计算公式为（3 - 2）。

$$EF_{CO_2} = \frac{44}{12} NCV \times C \times \alpha \times 10^{-6} \qquad (3-2)$$

式中：

EF_{CO_2}——燃料的 CO_2 排放因子，t/t；

NCV——燃料的净发热值，TJ/Gg；

C——燃料的含碳量，kg/TJ；

α——燃料的碳氧化因子；

44/12——C 与 CO_2 的转换系数。

其中，燃料的缺省净发热值（NCV）见表 3 - 2。

表 3 - 2　部分燃料的缺省净发热值　　　　　　　单位：TJ/Gg

燃料类型	净发热值
车用汽油	44.3
煤油	43.8
汽油/柴油	43.0
残留燃料油	40.4
无烟煤	26.7
炼焦煤	28.2
褐煤	11.9
天然气	48.0
生物汽油	27.0
生物柴油	27.0

结合表 3 - 1、表 3 - 2 中的数据，通过公式（3 - 2）得到部分燃料的 CO_2 排放因子见表 3 - 3，结合表 3 - 1 中 CH_4 排放因子缺省值，N_2O 排放因子缺省值，表 3 - 2 中缺省净发热值，可得到表 3 - 3 中 CH_4 和 N_2O 的排放因子缺省值。

表 3 - 3　燃料燃烧的缺省排放因子　　　　　　　单位：t/t

燃料类型	CO_2 排放因子缺省值	CH_4 排放因子缺省值（ $\times 10^{-4}$ ）	N_2O 排放因子缺省值（ $\times 10^{-4}$ ）
车用汽油	3.07	1.3290	0.2658
煤油	3.15	1.3140	0.2628
汽油/柴油	3.19	1.2900	0.2580
残留燃料油	3.13	1.2120	0.2424
无烟煤	2.62	0.2670	0.4005
炼焦煤	2.67	0.2820	0.4230
褐煤	1.20	0.1190	0.1785
天然气	2.69	0.4800	0.0480
生物汽油	1.91	0.8100	0.1620
生物柴油	1.91	0.8100	0.1620

本书使用的排放因子为碳排放因子，为此进一步通过各温室气体的全球增温潜势 GWP 值对表 3 - 3 中的数据进行处理，各温室气体的全球增温潜势值见表 3 - 4，得到燃料燃烧的缺省总碳排放因子。

表3-4　温室气体全球增温潜势 GWP 值

温室气体名称	化学式	全球增温潜势[88]值	全球增温潜势[89]	全球增温潜势[90]
二氧化碳	CO_2	1	1	1
甲烷	CH_4	21	23	25
氧化亚氮	N_2O	310	296	298
氟氢碳化物	HFCs	140~11700	12~12000	124~14800
全氟碳化物	PFCs	6500~9200	5700~11900	7390~17700
六氟化硫	SF_6	23900	22200	22800

本书选取2007年IPCC第四次评估报告中的各全球增温潜势值。则燃料燃烧的缺省碳排放因子见表3-5。

表3-5　燃料燃烧的缺省总碳排放因子　　　　　　　　单位：t/t

燃料类型	总碳排放因子缺省值
车用汽油	3.08
煤油	3.16
汽油/柴油	3.20
残留燃料油	3.14
无烟煤	2.64
炼焦煤	2.68
褐煤	1.21
天然气	2.70
生物汽油	1.92
生物柴油	1.92

当难以获得露天煤矿所用燃料的碳含量、净发热值等数据时，直接采用表3-5中的碳排放因子；当可以获得时，可采用同样的方法进行计算。

中国柴油的分类为轻柴油和重柴油。按凝点的不同，轻柴油可分为10#、5#、0#、-5#、-10#、-21#、-35#；重柴油分为10#、20#、30#。燃烧性能用十六烷值表示，值愈高愈好。十六烷值的高低与其碳含量有直接的关系，从我国大庆原油中提炼出的柴油十六烷值可达到68。柴油的碳排放因子与凝点关系不大，与燃烧性能关系较大。因此无须按照各号柴油分别计算碳排放因子。综上，柴油的碳排放因子主要取决于几个要素：柴油中各组分情况，碳元素的含量和燃烧率。由此可以较为准确地计算柴油的碳排放因子。汽油的碳排放因子原理相同。

因此在有条件时，可以通过实测来得到露天煤矿柴油和汽油的碳排放因子。如无条件，也可以通过柴油或汽油的含热量、含碳量、氧化率等进行计算，根据实际情况会更为准确。

3.2.2 炸药的碳排放因子

炸药的碳排放主要是由于露天煤矿爆破过程中炸药的化学反应产生的温室气体。为了核算炸药的碳排放因子，需要对炸药的化学反应进行分析。

矿用炸药泛指开发矿山时使用的炸药。矿用炸药的品种较多，且几乎全都是混合炸药。为了改善混合炸药的爆炸性能，在配方中经常加入一些单体炸药。露天煤矿的常用炸药多为混合炸药。炸药的爆炸反应方程式可以反映炸药爆炸后产物的成分和数量，如可以写出该方程式，则能够计算出炸药的碳排放因子。

3.2.2.1 炸药碳排放因子的计算方法

露天煤矿的爆破环节的炸药爆破属于化学爆炸。炸药主要是由碳、氢、氧、氮四种化学元素组成。其中碳、氢是可燃元素，氧是助燃元素，氮是载氧体。炸药爆炸的过程是可燃元素和助燃元素之间发生迅猛的氧化还原反应过程。爆炸产物的组成及数量受到很多因素的影响，主要影响因素有以下几方面：炸药的种类与化学组成；炸药爆炸反应条件，如温度、压力、装药条件、引爆条件和密度等；混合炸药的混合均匀性等。所以想精确确定爆炸反应方程或爆炸产物的组成是极其复杂和困难的。将核算炸药的碳排放因子分为两种思路。

第一种思路认为炸药中的碳元素经过一次反应和二次反应后均被氧化为二氧化碳。只要写出炸药的化学通式，通过碳元素的含量即可计算出二氧化碳的排放量，将其命名为碳平衡计算法。

第二种思路仅考虑炸药一次反应生成的二氧化碳量，需要将混合炸药的氧平衡根据不同原则写出化学反应方程式，进而计算生成的二氧化碳量，称其为爆炸反应方程式法。该方法中爆炸生成物的成分受炸药中含氧量的影响非常大。计算炸药的碳排放因子的基础是建立炸药爆炸的反应方程式，而建立反应方程式首先需要确定所用炸药的化学式和氧平衡的类型。

两种思路均要先写出所用炸药的化学式，混合炸药的化学式按1kg质量写出。计算混合炸药化学式的方法为：明确混合炸药的组成成分及比例，并分别写出各组分的化学式，计算各自的摩尔质量，计算1kg混合炸药中各组分的摩尔数，进而加总写出化学式。

已知某露天矿用炸药所使用混合炸药及其中各组分的比例。设混合炸药由 n 种组分组成，每种组分的化学式为 $C_{a_i}H_{b_i}N_{c_i}O_{d_i}$，各组分比例为 α_i，且 $\sum_{i=1}^{n}\alpha_i = 1$，混合炸药的化学式为 $C_aH_bN_cO_d$。则：

$$a = \sum_{i=1}^{n} \frac{1000\alpha_i a_i}{12a_i + b_i + 14c_i + 16d_i} \qquad (3-3)$$

式中：

α_i——该混合炸药中第 i 组分的质量分数，单位为%；

a_i——1mol 第 i 组分中碳元素的摩尔数；

b_i——1mol 第 i 组分中氢元素的摩尔数；

c_i——1mol 第 i 组分中氮元素的摩尔数；

d_i——1mol 第 i 组分中氧元素的摩尔数。

b、c、d 的计算方法与 a 相同，则可以写出混合炸药的化学式。

如使用碳平衡计算法，则该混合炸药的碳排放因子为：

$$EF_{bp} = \frac{44}{1000}a \qquad (3-4)$$

式中：

EF_{bp}——混合炸药的碳排放因子，t/t。

若采用第一种思路，则可以计算出炸药的碳排放因子；若采用第二种思路，则第二步要计算混合炸药的氧平衡。

氧平衡表示炸药内含氧量和氧化可燃元素所需氧量之间的关系。氧平衡值用每克炸药中剩余或不足氧量的克数或百分数表示。建立露天煤矿炸药爆炸的反应方程式，与炸药的氧平衡有着直接的关系，所以首先要计算氧平衡值。

根据氧平衡值 K_b 的大小，将氧平衡分为正氧平衡、负氧平衡和零氧平衡三种。正氧平衡（$K_b > 0$），炸药内的含氧量除将可燃元素充分氧化之后仍有剩余，称为正氧平衡炸药；负氧平衡（$K_b < 0$），炸药内的含氧量不足以使可燃元素充分氧化，这类炸药称为负氧平衡炸药；零氧平衡（$K_b = 0$），混合炸药内的含氧量恰好够可燃元素充分氧化，这类炸药称为零氧平衡炸药。混合炸药的氧平衡不仅与炸药各组成成分的氧平衡有关，而且还取决于各成分的重量百分比。因此，混合炸药的氧平衡可以通过改变炸药成分或各种成分在炸药中的比例来调整，而确定这个比例的基本原则就是使总的氧平衡接近于零。[91]

混合炸药氧平衡值的计算方法为：若认为炸药内只含有碳、氢、氧、氮元素，则无论是单质炸药还是混合炸药，都可将它们的通式写成 $C_aH_bN_cO_d$。通常，混合炸药的通式按 1kg 质量写出。这样，炸药分子通式中，下标 a、b、c、d 表示相应元素的原子数。

若炸药的化学式为 $C_aH_bN_cO_d$，a 个 C 原子需要 $2a$ 个 O 原子，b 个 H 原子需要 $b/2$ 个 O 原子，则单质炸药的氧平衡公式为：

$$K_b = \frac{1}{M} \left[d - (2a + b/2) \right] \times 16 \times 100\% \tag{3-5}$$

式中：

K_b——单质炸药的氧平衡值；

M——炸药的摩尔质量（g/mol）；

16——氧的摩尔质量（g/mol）。

当炸药中含有金属元素 Na、K 时，化学式为 $C_aH_bN_cO_dNa_e$ 或 $C_aH_bN_cO_dK_e$，则单质炸药的氧平衡值计算式为：

$$K_b = \frac{1}{M} \left[d - (2a + b/2 + e/2) \right] \times 16 \times 100\% \tag{3-6}$$

混合炸药的氧平衡计算式为：

$$K_b = \frac{1}{1000} \left[d - (2a + b/2 + e/2) \right] \times 16 \times 100\% \tag{3-7}$$

或

$$K_b = \sum m_i K_{bi} \tag{3-8}$$

式中：

m_i——第 i 组分的质量分数；

K_{bi}——第 i 组分的氧平衡值。

某些炸药及常用组分的氧平衡值见表 3-6。

表 3-6　炸药的氧平衡值　　　　　　　　　　单位：t/t

名称（代号）	分子式	相对分子质量 M_r	氧平衡值（$g \cdot g^{-1}$）
梯恩梯（TNT）	$C_6H_2(NO_2)_3CH_3$	227	-0.740
硝酸铵（AN）	NH_4NO_3	80	+0.200
硝酸钠（SN）	$NaNO_3$	85	+0.470
硝酸钾	KNO_3	101	+0.396
木粉	$C_{15}H_{22}O_{10}$	362	-1.370
石蜡	$C_{18}H_{38}$	254	-3.460
矿物油	$C_{12}H_{26}$	170	-3.460
轻柴油	$C_{16}H_{32}$	224	-3.420
沥青	$C_{30}H_{18}O$	394	-2.760

根据炸药内含氧量的多少，可将通式为 $C_aH_bN_cO_d$ 的炸药分为三类：正氧或零氧平衡炸药，$d \geqslant 2a + b/2$；只生成气体产物的负氧平衡炸药，$2a + b/2 > d \geqslant a + b/2$；可能生成固体产物的负氧平衡炸药，$d < a + b/2$。露天矿用炸药基本属于第一类和第二类炸药。

正氧炸药的化学反应：由于含氧量过多，将会使炸药中的氮元素氧化成 NO、NO_2 等氮氧化物，它们在生成的过程中吸收大量的热，不利于发挥炸药的威力。氮的氧化物不仅是有毒气体，而且能对瓦斯爆炸反应起催化作用。因此，含氧量过多的炸药，不能用于有瓦斯及煤尘爆炸危险的矿井。

负氧炸药的化学反应过程中因为含氧量不够，可燃元素未能被充分氧化，将会产生 CO 等气体，更甚者会形成固体碳。CO 属于有毒气体。这类炸药也不利于发挥炸药的威力。但负氧平衡的炸药生成双原子气体的数量较多，能提高热能转变为机械能的效率，在一定程度上可弥补热量的损失。

零氧炸药的化学反应：由于含氧量恰好等于可燃元素充分氧化时所需的氧气，因而爆炸反应时产生的热量最大，威力最高，所作的机械功也大，而且不会产生有毒气体。因此在配制新品种混合炸药时应使炸药达到零氧平衡或接近零氧平衡。

炸药的化学变化就其本质而言属于氧化还原反应，通常有三种表现形式：热分解、燃烧和爆炸。三种反应的过程和产物肯定是不相同的。这些反应的生成物，可以通过对反应气体（和固体）产物进行化学分析而得知。但对它们进行精确的测定是困难的，对于爆炸反应，尤其如此。因为爆炸过程总是在极短的时间内完成，在该瞬时内，气体温度、压力、体积都急剧变化，这些条件及其变化对爆炸反应产物的二次反应大有影响；爆炸反应的进程和结果还取决于激发炸药的方式、炸药本身的装填状况、初始温度及周围介质的性质，这些条件往往差别很大。

炸药爆炸反应方程式的确定方法一般采用实验确定、理论确定和经验方法三种方式。实验确定可通过光谱侦测等技术来实现；理论确定需通过若干假定来实现；经验方法通过一些简单的原则设定进行计算。常用的理论方法为化学平衡常数法。常用的经验方法有 B - Wilson 等方法。

1. 化学平衡常数法

该方法的依据是化学平衡原理及质量守恒定律，假设条件为：①当炸药爆炸时，温度高、反应速度极快、爆炸产物间能够建立起化学平衡；②爆炸过程是绝热等容的过程；③爆炸产物的状态方程是已知的，且符合理想的气体状态方程。基本方法为：

混合炸药 $C_aH_bN_cO_d$ 的产物组成十分复杂。为简便起见，只考虑常见的 10 种爆炸产物，则爆炸反应方程的一般形式为：

$$C_aH_bN_cO_d \rightarrow x\,CO_2 + y\,CO + z\,C + u\,H_2O + \omega\,N_2 + h\,H_2 + i\,O_2 + j\,NO + k\,NH_3 + l\,HCN$$

通过计算得出 x 的值，进而可以得到二氧化碳排放量。该理论计算涉及为数很多的方程的求解，比较复杂。导致应用理论来确定爆炸反应的方程相当复杂，为了简化处理，采用经验方法来确定爆炸反应的方程式。部分学者将经验方法的结果与实测值进行对比，发现计算值与实测值是大致相同的。因此本书选用经验方法进行爆破碳排放量的核算。炸药在爆炸瞬间能生成 CO_2、H_2O、CO、H_2、N_2、NO 和 C，此外还有少量的 CH_4、C_2N_2、HCN、NH_3 等气体。通常把 CO_2、H_2O、CO、H_2 和 N_2 看作一般工业炸药的典型的爆炸产物。以此分析和假设为前提，采用的经验方法包括布伦克里－威尔逊（Brinkley－Wilson）、吕－查德里方法（Le－Chatelier）等方法。设计炸药组成时，以获得最大的爆炸放热量为目的时常采用 B－W 方法。本书主要介绍 B－Wilson 方法。

2. B－Wilson 方法

B－Wilson 方法即布伦克里－威尔逊方法（Brinkley－Wilson），是确定反应方程式时经常使用的一种方法，产物确定的原则为以能量为先，先将 H 全部生成 H_2O，剩余 O 先将 C 生成 CO，若 O 还未全部使用，再使 CO 生成 CO_2。而 N 则以分子状态 N_2 存在（H_2O—CO—CO_2 方法）。

①对第一类炸药，即零氧平衡和正氧平衡的炸药：$d \geqslant 2a + 0.5b$，先将 H 全部氧化为 H_2O，C 全部氧化为 CO_2，同时生成 N_2，且还剩分子状态的 O_2。

②对第二类炸药：有 $a + 0.5b \leqslant d \leqslant 2a + 0.5b$，氧的分配顺序为 H_2O—CO—CO_2，此时的爆炸反应方程式为：

第一步：$C_aH_bN_cO_d \rightarrow 0.5bH_2O + aCO + 0.5(d - a - 0.5b)\,O_2 + 0.5cN_2$

第二步：$C_aH_bN_cO_d \rightarrow 0.5bH_2O + (d - a - 0.5b)\,CO_2 + (2a - d - 0.5b)\,CO + 0.5cN_2$

③对第三类炸药：有 $d < a + 0.5b$，产物中有固体碳生成，此时的爆炸反应方程式为：

$$C_aH_bN_cO_d \rightarrow 0.5bH_2O + (d - 0.5b)\,CO + (a - d + 0.5b)\,C + 0.5cN_2$$

另外，对于含有金属元素 K、Na、Ca、Mg、Al 等的混合炸药确定方程式的原则为：金属元素先生成金属氧化物，然后其余的 O 按照 B－W 方法对 C、H、O、N 分配。如果炸药中还含有强氧化性元素如 F、Cl 等，则先将其氧化为金属氯（氟）化物或氯（氟）化氢，剩余的 O 与金属元素处理时方式相同。

对于第一类炸药，由于炸药是属于正氧平衡或零氧平衡，碳元素均被氧化为二氧化碳，其计算方法与碳平衡方法一致；对于第二类炸药，由于炸药属于负氧平衡，氧的分配优先顺序不同，采用不同的方法，其计算结果不同。

当采用 B-Wilson 方法时，某混合炸药的碳排放因子为：

$$E_{bp} = \frac{44}{1000} \sum_{i=1}^{n} \frac{\alpha_i(c_i - a_i - 0.5b_i)}{12a_i + b_i + 16c_i + 14d_i} \quad (3-9)$$

对于第三类炸药，B-Wilson 方法的二氧化碳排放量为 0。

3.2.2.2 露天煤矿常用炸药碳排放因子的计算

露天矿常用的炸药主要有五种，分别为铵梯炸药、铵油炸药、浆状炸药、水胶炸药、乳化炸药。[92]

（1）铵梯炸药（岩石炸药）。铵梯炸药由硝酸铵、梯恩梯和少量木粉组成。铵梯炸药在工业炸药中应用较广，且具备爆炸性能好、原料来源广、成本低廉、威力较大和加工工艺简单等优点。但其缺点包括吸湿性强、吸湿后结块硬化、爆炸性能低等。一般适用于中硬矿岩无水孔的爆破。

（2）铵油炸药。铵油炸药将硝酸饱和燃料油（轻柴油、重油、机油等）作为主要原料混合形成不含敏感剂的炸药。铵油炸药的主要成分为硝酸铵和柴油（轻柴油、重油、机油等）。为减少炸药的结块硬化现象，可加适量的木粉作疏松剂。铵油炸药在露天矿中应用广泛，它的优点为原料来源广、价格低廉、便于矿山自行混制、使用安全、加工工艺简单等。通式铵油炸药也具有吸湿结块性，不适合应用于水孔爆破。此外，铵油炸药易燃烧，在密闭条件下燃烧易转变成爆炸。故在生产、运输、库存和使用过程中，应严格防火。

（3）浆状炸药。浆状炸药是由硝酸铵的饱和水溶液和悬浮在溶液中的其他固体成分颗粒共同组成的浆状物。浆状炸药具有炸药密度高、体积威力大、可塑性强、抗水性强的特点，可以沉入水中爆破，使用安全。缺点是其敏感度低，需用加强药包才能起爆。

（4）水胶炸药。水胶炸药是一种以浆状炸药为基础的抗水炸药，与浆状炸药的区别是使用了水溶性的敏化剂，具备更好的爆炸性能。其具有抗水性强、爆破性能较好、可塑性好和使用安全的特点，但价格较贵，生成的有害气体高于铵梯炸药。

（5）乳化炸药。乳化炸药是在水胶炸药和铵油炸药基础上发展起来的新型抗水炸药，属于油包水型的乳胶体，该炸药优点包括抗水性强、爆轰感度和爆炸性能好等，但还需要进一步提高炸药的稳定性，延长其贮存期，降低成本和研制机械化装药设备等。

露天煤矿中最常用的炸药包括铵梯炸药、铵油炸药和乳化炸药，一般属于第一类和第二类炸药。

硝酸铵类炸药是以硝酸铵为主要成分的一类混合炸药，简称为硝铵炸药。它是我国目前使用最为广泛，消耗量最大的一类矿用炸药。

各种炸药的组分见下列描述。

硝铵炸药：硝酸铵 82%，梯恩梯 14%，木粉 4%；

岩石硝铵炸药：硝酸铵 85%，梯恩梯 11%，木粉 3.2%，石蜡 0.4%，沥青 0.4%；

2 号岩石硝铵炸药：硝酸铵 85%，梯恩梯 11%，木粉 4%；

铵油炸药：硝酸铵 92%，柴油 4%，木粉 4%；

抗水铵油炸药：硝酸铵 92%，柴油 3%，木粉 5%；

露天铵油炸药：硝酸铵 89%，柴油 2%，木粉 9%；

铵沥蜡炸药：硝酸铵 90%，木粉 8%，沥青 1%，石蜡 1%。

按照上述各种炸药碳排放因子的计算方法对部分炸药进行计算，结果见表 3-7，本书采用 B-Wilson 法中的碳排放因子。

表 3-7 露天煤矿部分常用炸药的碳排放因子（t/t）

炸药名称	氧平衡	炸药类型	EF_{bp}（t/t）	
			碳平衡法	B-Wilson 方法
硝铵炸药	正氧	一类	0.2629	0.2629
岩石硝铵炸药	正氧	一类	0.2335	0.2335
2 号岩石硝铵炸药	正氧	一类	0.2222	0.2222
铵油炸药	负氧	二类	0.1986	0.1768
抗水铵油炸药	正氧	一类	0.1854	0.1854
露天铵油炸药	负氧	二类	0.2269	0.1888
铵沥蜡炸药	正氧	一类	0.2105	0.2105

3.2.3　露天煤矿逸散的碳排放因子

露天煤矿在开采过程中存在逸散碳排放。虽然露天煤矿开采过程中产生的甲烷排放有望测量，却很难实施，到目前为止只有南非曾有过这方面的初步尝试，还设有常规且实用的方法。最好的方法自然是实测，但实际操作比较困难。逸散排放分为开采中排放和开采后排放。露天开采中的排放包括开采煤炭释放的和邻近暴露煤（地）层释放的甲烷。露天开采后的排放包括煤炭的加工、运输以及使用过程中所产生的甲烷排放，也就是在煤的洗选、储存、运输和燃烧前的粉碎等过程中所产生的碳排放。

《IPCC 2006 年指南》中露天煤矿开采中的 CH_4 排放因子为：低 CH_4 排放因子 $= 0.3m^3/t$；平均 CH_4 排放因子 $= 1.2m^3/t$；高 CH_4 排放因子 $= 2.0m^3/t$；开采后的 CH_4 排放因子为：低 CH_4 排放因子 $= 0m^3/t$；平均 CH_4 排放因子 $= 0.1m^3/t$；高 CH_4 排放因子 $= 0.2m^3/t$。其中对平均覆盖层深度小于 25 米的煤矿，采用特定排放范围的下限；而对覆盖层深度超过 50 米的煤矿采用其上限。对于中间深度，可使用排放因子的平均值。若缺少有关覆盖层厚度的数据，则优良做法是，使用平均排放因子，即 $1.2m^3/t$。

中国学者对中国露天煤矿的 CH_4 排放因子 1994 年为 $1.59m^3/t$，2000 年为 $1.65m^3/t$。露天煤矿开采后 CH_4 排放因子取 $0.5m^3/t$。将其进行单位换算后的碳排放因子见表 3 - 8。[57]

表 3 - 8　露天煤矿逸散碳排放因子

逸散碳排放因子		单位	《IPCC 2006 年指南》	中国 1994	中国 2000
开采中	低	$10^{-6}t/t$	5.025		
	平均	$10^{-6}t/t$	20.1	26.6325	27.6375
	高	$10^{-6}t/t$	33.5		
开采后	低	$10^{-6}t/t$	0		
	平均	$10^{-6}t/t$	1.675	8.375	8.375
	高	$10^{-6}t/t$	3.35		

3.2.4　露天煤矿自燃的碳排放因子

露天煤矿自燃源为本矿生产的原煤或煤矸石。自燃的碳排放因子的大小主要取决于燃烧燃料的碳含量。

当可以取得燃料的碳含量时，净发热值未知，假设碳氧化因子为 1 时，可用公式（3 - 10）计算。

$$EF_{CO_2} = \frac{44}{12} \times C \times \alpha \qquad (3 - 10)$$

式中含义同公式（3 - 1）中的含义相同。

煤中碳含量越多，煤的发热量也越大。煤中碳含量随煤变质程度的加深而增加。泥炭碳含量 50% ~ 60%，褐煤碳含量 60% ~ 75%，烟煤碳含量 75% ~ 90%，无烟煤碳含量 90% ~ 98%。根据煤的组成成分不同，每吨煤的碳排放差异很大。根据公式 3 - 8，参考国内部分煤的含碳量，计算得到的碳排放因子见表 3 - 9。

表 3 - 9 部分煤的碳排放因子（t/t）

参数	单位	泥炭	褐煤	烟煤	无烟煤
碳含量	%	50 ~ 60	60 ~ 75	75 ~ 90	90 ~ 98
碳排放因子	t/t	1.83 ~ 2.2	2.2 ~ 2.75	2.75 ~ 3.3	3.3 ~ 3.59

《IPCC 2006 年指南》中褐煤的碳排放因子范围为 0.50 ~ 2.52t/t，无烟煤的二氧化碳排放因子范围为 2.05 ~ 3.30t/t。显然碳排放因子存在一定差别。所以在计算露天煤矿的碳排放因子时尽可能地按照本国露天煤矿的实际情况计算。各露天煤矿在进行核算时最好通过实测值来确定排放因子，那样才能真正反映实际情况。

如有条件进行实测，可以对露天煤矿中的各种燃料取样进行实验，测量燃料的含碳量和净发热值，从而得到最真实的排放因子。

3.2.5 电力的碳排放因子

电力的碳排放因子取决于发电过程。发电形式有多种，主要有火电、水电、核电。还有其他形式的发电，如太阳能发电、生物质能发电、风力发电等，火力发电仍是我国目前的主体电力来源，约占 80%。

从电厂的所有权角度来看，露天煤矿所用电力可以是购买上网电，也有可能是自备电厂，且多为火力发电厂。如果是上网用电可以直接使用国家的碳排放因子，如果所用电力为自备电厂发电，则根据自备电厂的实际情况测算其碳排放因子更为可靠。

3.2.5.1 上网用电的碳排放因子

国家火力电网边界统一划分成 6 部分，东北、华北、华东、华中、西北和南方区域电网，且不包括西藏自治区、香港特别行政区、澳门特别行政区和台湾省。因为南方电网下属的海南省是孤立电网，海南电网的排放因子单独核算，电网边界包含的省份如表 3 - 10 所示。[93]

表 3 - 10 国家电网覆盖区域

电网名称	覆盖省市
华北区域电网	北京市、天津市、河北省、山西省、山东省、内蒙古自治区
东北区域电网	辽宁省、吉林省、黑龙江省

电网名称	覆盖省市
华东区域电网	上海市、江苏省、浙江省、安徽省、福建省
华中区域电网	河南省、湖北省、湖南省、江西省、四川省、重庆市
西北区域电网	陕西省、甘肃省、青海省、宁夏自治区、新疆自治区
南方区域电网	广东省、广西自治区、云南省、贵州省
海南电网	海南省

各区域电网火电碳排放因子汇总见表3-11。

表3-11 各区域电网电力碳排放因子汇总表

项目	EF_{OM}	EF_{BM}
单位	tCO$_2$/(MWh)	tCO$_2$/(MWh)
华北区域电网	1.0069	0.7802
东北区域电网	1.1293	0.7242
华东区域电网	0.8825	0.6826
华中区域电网	1.1255	0.5802
西北区域电网	1.0246	0.6433
南方区域电网	0.9987	0.5772
海南电网	0.8154	0.7297

注：表中 OM 为 2005—2007 年电量边际碳排放因子的加权平均值；BM 为截至 2007 年的容量边际碳排放因子。

OM 方法是指根据电力系统中所有电厂的总上网电量、燃料的类型和燃料的总消耗量进行计算。BM 方法通过对样本机组排放因子的发电量进行加权平均计算得到。本书火电的碳排放因子选用 OM 排放因子。根据露天煤矿所处地域选取火电排放因子。

3.2.5.2 自备火力电厂的碳排放因子

对于自备火力电厂，对其碳排放因子的计算分为几个步骤。

（1）分析火力发电厂的碳排放源。

火力发电厂的主要能源消耗种类为电、柴油、汽油、原煤。由于最终计算碳排放因子时仅通过上网电力计算，因此对火力发电厂的碳排放量进行计算时，仅需核算原煤、汽油、柴油所引起的碳排放量。

（2）核算火力发电厂的碳排放总量。

其核算方法为：

$$E = \sum_{i=1}^{n} E_i = \sum_{i=1}^{n} (F_i \cdot EF_i) \tag{3-11}$$

式中：E——火力发电厂的碳排放总量，单位为 t；

$\quad\quad F_i$——第 i 种燃料的消耗量，单位为 t；

$\quad\quad EF_i$——第 i 种燃料的碳排放因子，单位为 t/t。

（3）核算火力发电厂的电力碳排放因子。

$$EF_d = \frac{E}{Q} \tag{3-12}$$

式中：EF_d——火力发电厂的碳排放因子，单位为 t/kWh；

$\quad\quad Q$——火力发电厂的外供电量，单位为 kWh。

3.3　露天煤矿碳排放量初步核算模型构建

以露天煤矿碳排放量初步估算法为基础，结合露天煤矿生产过程中的碳排放源，构建露天煤矿碳排放量初步核算模型为：

$$E = ZE + JE \tag{3-13}$$

式中：E——露天煤矿的碳排放总量，单位为 t；

$\quad\quad ZE$——露天煤矿的直接碳排放量，单位为 t；

$\quad\quad JE$——电力间接碳排放量，单位为 t。

其中：

$$ZE = RE + BE + YE + FE \tag{3-14}$$

式中：RE——燃油碳排放量，单位为 t；

$\quad\quad BE$——炸药碳排放量，单位为 t；

$\quad\quad YE$——逸散碳排放量，单位为 t；

$\quad\quad FE$——自燃碳排放量，单位为 t。

所以：

$$E = RE + BE + YE + FE + JE \tag{3-15}$$

（1）燃油的碳排放核算模型。

露天煤矿消耗的燃油包括柴油和汽油，排放的主要温室气体有 CO_2、N_2O、CH_4 三种温室气体。燃油的碳排放量通过露天煤矿的年燃料消费量与其对应的碳排放因子相乘得到，然后将不同燃油的碳排放量加总计算。设燃油为

i 种，每种燃油排放的温室气体为 j 种，则得：

$$RE = \sum_{i=1}^{n} RE_i = \sum_{i=1}^{n} F_i \cdot EF_i \qquad (3-16)$$

式中：RE——燃油碳排放总量，单位为 t；

RE_i——第 i 种燃油引起的碳排放量，单位为 t；

EF_i——第 i 种燃油的碳排放因子，单位为 t/t；

F_i——第 i 种燃油的消耗量，单位为 t。

（2）炸药的碳排放量核算模型。

露天煤矿炸药爆炸排放的主要温室气体为 CO_2。炸药爆炸的碳排放量核算模型为：

$$BE = \sum_{i=1}^{n} F_i \cdot EF_i \qquad (3-17)$$

式中：

BE——炸药消耗引起的碳排放总量，单位为 t；

F_i——第 i 种炸药的消耗量，单位为 t；

EF_i——第 i 种炸药的碳排放因子，单位为 t/t。

（3）逸散的碳排放量核算模型。

逸散的温室气体主要指露天开采过程中 CH_4 气体的逸散，并换算为当量 CO_2。露天开采产生的甲烷排放量目前还无常规的核算方法。露天煤矿开采之前、开采过程中和开采后的现场气体实测数据还相当匮乏，因此本研究暂时采用《IPCC 2006 年指南》中的方法，估算露天煤矿产生的逸散碳排放量的核算公式为：

$$YE = GWP_{CH_4} YE_{CH_4} \qquad (3-18)$$

其中：$YE_{CH_4} = YEC_{CH_4} + YEH_{CH_4}$

$YEC_{CH_4} = G\rho EF_C$，$YEH_{CH_4} = G\rho EF_H$

式中：

YE——逸散的碳排放总量，单位为 t；

YE_{CH_4}——甲烷排放量，单位为 t；

YEC_{CH_4}——开采中的甲烷排放量，单位为 t；

YEH_{CH_4}——开采后的甲烷排放量，单位为 t；

G——露天煤矿的年原煤产量，单位为 t；

ρ——单位转换因子，即 CH_4 密度，取值为 0.67×10^{-6} t/m³；

EF_C——开采过程中的 CH_4 排放因子，单位为 m³/t；

EF_H——开采后的 CH_4 排放因子，单位为 m^3/t。

（4）自燃的碳排放量核算模型。

露天煤矿的非受控自燃源来自堆存的煤炭和排土场的煤或煤矸石。自燃源燃烧引起的碳排放量的核算公式如下：

$$FE = \sum_{i=1}^{n} Q_i \cdot EF_i \qquad (3-19)$$

式中：

FE——自燃碳排放源的碳排放量，单位为 t；

Q_i——自燃的第 i 种碳排放源的自燃量，单位为 t；

EF_i——第 i 种碳排放源的碳排放因子，单位为 t/t。

（5）电力的碳排放量核算模型。

露天煤矿中电力引起的间接碳排放量通过将露天煤矿的年电力消耗量与其所在电网的碳排放因子相乘计算得到，见公式（3-20）：

$$JE = \sum_{i=1}^{n} EG_i \cdot EF_i \qquad (3-20)$$

式中：

JE——电力消耗引起的间接碳排放量，单位为 t；

EG_i——露天煤矿用电量，单位为 kWh/a；

EF_i——所在电网排放因子，单位为 t/kWh。

具体的数值由露天煤矿的供电方式决定，如来自某一电网，则 $i=1$，采用所在电网的碳排放因子；如其所用电由自发电和购买电相结合，则 $i=2$，自发电的碳排放因子通过计算取得。

3.4　基于生产环节的露天煤矿碳排放量核算模型构建

基于生产环节的露天煤矿碳排放量核算法围绕主要的生产环节进行分析，将生产划分为七个环节，穿孔、爆破、采装、破碎、运输、排土、辅助。该方法与露天煤矿碳排放量初步估算法得出的结果应保持一致，所以还需要加入七个生产环节外的其他碳排放源，对两种碳排放量核算方法碳排放源的比较见图 3-1。由图 3-1 可知，其他碳排放源包括逸散和自燃。所以模型将露天煤矿的碳排放量分成九个环节进行核算。

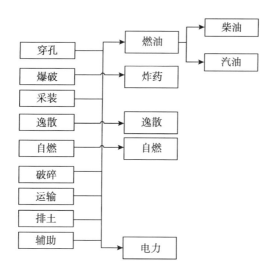

图 3 - 1 两种露天煤矿碳排放量核算方法中碳排放源的闭合图

与露天煤矿碳排放量初步估算法相比有几点不同。

（1）通过对露天煤矿的七个生产环节的碳排放源分别分析，并对照露天煤矿碳排放量初步估算法中的碳排放源进行补充，保证了碳排放源的完整性。

（2）收集数据时除需要各种能源消耗量、煤产量、剥采总量、炸药消耗量外，还要按照七个生产环节分别收集数据。工作量大，操作复杂。

（3）对各个环节分别建立核算模型，最后加总得到基于生产环节的露天煤矿碳排放量核算模型。

露天煤矿的碳排放源存在于其各个生产环节，按照不同生产环节对碳排放源进行识别。

（1）穿孔环节。

露天矿的穿孔方法，可以按照钻进或能量利用的方法划分为机械穿孔、热力穿孔、声波穿孔和化学法穿孔。机械法穿孔是目前国内外应用最广泛和最有效的方法。热力穿孔仅在适宜于热力破碎的矿岩中应用。化学法穿孔和声波法穿孔等尚在研讨之中。露天煤矿穿孔主要通过机械式穿孔。常用的穿孔机械包括钢绳冲击式穿孔机、潜孔钻机、回转式钻机和牙轮钻机。[94]

钢绳冲击式穿孔机是 20 世纪六七十年代以前我国大中型露天矿的主要穿孔设备，适用于坚固性系数 f < 8 的硬岩穿孔，到 20 世纪 70 年代该设备逐渐被潜孔钻机和牙轮钻机取代。潜孔钻机可在中硬或中硬以上（f≥8）的矿岩中钻凿炮孔。回转式钻机一般多在 f = 2～5 的矿岩中应用，在油母页岩和无硬夹

石层的煤层中应用较好。在旋转钻机的基础上，一种近代新型钻孔设备牙轮钻机发展起来。牙轮钻机是比较理想的露天矿用穿孔机械，效率高，通用性强，可在各种矿岩中应用。其技术经济指标优于潜孔钻机，因而在露天矿中获得了广泛的应用。穿孔设备的基本情况见表3-12。

表3-12 不同类型穿孔设备的基本情况

钻机类型	坚固性系数	钻进效率	钻进成本	设备价格	应用
钢绳冲击式穿孔机	f < 8	低	高	低	
电动潜孔钻机	f≥8	较低	低	较低	抚顺西露天、大峰露天、公乌素露天、前河露天、南芬露天
回转式钻机	f < 6	高	低	较低	伊敏河、霍林河、抚顺西露天、缅甸露天、义马北露天
牙轮钻机	4 < f < 20	高	低	高	平庄西露天、安太堡露天、黑岱沟露天、胜利一号露天、扎哈淖尔露天

钢绳冲击式穿孔机能源消耗为电力；潜孔钻机驱动分为电动潜孔钻机和风动潜孔钻机，能源消耗分别为电力和柴油；回转式钻机能源消耗为电力；牙轮钻机能源消耗为电力或柴油，以电力为主。

则穿孔环节碳排放源情况见表3-13。

表3-13 穿孔环节的碳排放源识别

钻机类型	碳排放源	直接源/间接源
钢绳冲击式穿孔机	电力	间接
电动潜孔钻机	电力	间接
风动潜孔钻机	柴油	直接
回转式钻机	柴油	直接
	电力	间接
牙轮钻机	柴油	直接
	电力	间接

（2）爆破环节。

露天煤矿的爆破工作是指把矿用工业炸药，按照一定的要求装填在炮孔中，通过炸药爆炸所产生的化学能而将岩石破碎至一定程度，并形成一定几何尺寸的爆堆。爆破环节属于矿岩准备环节。如不需要爆破，可不分析该环节的碳排放源。露天煤矿爆破环节的碳排放源主要是由于使用炸药发生化学反应生成的温室气体。该环节的主要碳排放源为炸药。

（3）采装环节。

采装工作是指用一定的采掘设备将矿岩从整体或爆堆中采出，并装入运输或装载设备，或直接卸到指定的地点。露天煤矿的采装环节主要通过挖掘机或者是其他设备完成，该环节是露天开采的核心环节。露天煤矿采装环节的碳排放源主要是指采掘设备的能源消耗。能源消耗种类取决于设备消耗的能源种类。

采装环节所用的设备类型主要有挖掘机、装载机、铲运机以及推土机等。露天矿用挖掘设备主要包括单斗挖掘机、吊斗铲、前装机、铲运机、轮斗挖掘机、链斗挖掘机。采装环节具体采用何种设备，与露天煤矿所采用的工艺相关。采装环节设备的耗能为柴油和电力，即采装环节的碳排放源为柴油和电力。

（4）破碎环节。

是否需要分析破碎环节的碳排放源取决于露天煤矿所采用的工艺以及岩性特点。当半连续工艺在硬岩条件下使用胶带运输时，就需要设置破碎环节。破碎环节的碳排放源主要指设备耗能。破碎机又分为移动破碎机、半固定破碎机和固定破碎机。破碎机用能为电力，即破碎环节碳排放源为电力。

（5）运输环节。

露天矿的主要运输是指将矿石或土岩从工作面采装后分别运往指定卸载地点。此外，还有运送人员、设备、材料等的辅助设备，统称为杂业运输。运输环节的常用设备包括卡车、胶带输送机，其耗能包括柴油和电力。运输环节碳排放源为柴油和电力。

（6）排土环节。

排土工作的目的是在一定地区（采空区或离采场较近的适当地区）接受从露天采区内采出的土岩。在露天煤矿中，为单独排弃煤岩混杂的杂煤，常在排土场内设杂煤场或是杂煤线，以方便对煤炭资源的回收。间断生产工艺系统采用的排土设备有推土犁、挖掘机、推土机等。其选择取决于排弃土岩的性质、需要的排土能力、采运工艺设备类型等。露天煤矿采用的排土设备主要包含推土机、排土机，其碳排放源为柴油和电力。

（7）辅助环节。

前六个属于露天煤矿开采的主要生产环节，但采煤工作的正常进行离不开辅助环节（排水、供电、机修等）的配合。辅助环节运用的设备包括炸药车、洒水车、水泵等设备。辅助环节的碳排放源为柴油、汽油、电力。露天煤矿七个环节的碳排放源见表3－14。

表3－14　露天开采工艺环节的碳排放源

环节	碳排放源
穿孔	柴油、电力
爆破	炸药
采装	柴油、电力
破碎	电力
运输	柴油、电力
排土	柴油、电力
辅助	柴油、汽油、电力

根据基于生产环节的露天煤矿碳排放量核算法的含义以及对露天煤矿各个生产环节碳排放源的分析，构建其碳排放量核算模型为：

$$E = F_{ck} + F_{bp} + F_{cz} + F_{ps} + F_{ys} + F_{pt} + F_{fz} + YE + FE \qquad (3-21)$$

式中：

F_{ck}——露天煤矿穿孔环节的碳排放量，单位为t；

F_{bp}——露天煤矿爆破环节的碳排放量，单位为t；

F_{cz}——露天煤矿采装环节的碳排放量，单位为t；

F_{ps}——露天煤矿破碎环节的碳排放量，单位为t；

F_{ys}——露天煤矿运输环节的碳排放量，单位为t；

F_{pt}——露天煤矿排土环节的碳排放量，单位为t；

F_{fz}——露天煤矿辅助环节的碳排放量，单位为t。

F_{ck}、F_{cz}、F_{ps}、F_{ys}、F_{pt}、F_{fz}六个环节的核算公式为（3－22）。

$$F = \sum_{i=1}^{n} F_i \cdot EF_i \qquad (3-22)$$

式中：

F_i——某个生产环节第 i 种碳排放源的消耗量；

EF_i——某个生产环节第 i 种碳排放源的碳排放因子。

F_{bp}采用露天煤矿碳排放量初步核算模型中 BE 的核算模型，YE、FE 与露天煤矿碳排放量初步核算模型中的核算方法相同。

3.5　本章小结

本章总结了露天煤矿进行碳排放量核算的一般步骤，并对露天煤矿的碳排放源进行识别，得到露天煤矿的五个碳排放源：直接碳排放源燃油、炸药、逸散、自燃和间接碳排放源电力。并总结了五种碳排放源所对应的碳排放因子的确定方法，着重分析研究了炸药碳排放因子的核算方法。最后构建了露天煤矿碳排放量初步核算模型和基于生产工艺的露天煤矿碳排放量核算模型。

4 露天煤矿不同生产工艺系统的碳排放量核算研究

第三章中构建了露天煤矿碳排放量初步核算模型和基于生产环节的露天煤矿碳排放量核算模型之后，本章结合两个模型分析核算露天煤矿不同生产工艺系统的碳排放量。一方面对露天煤矿碳排放量初步核算模型和基于生产环节的露天煤矿碳排放量核算模型进行实例应用；另一方面判断露天煤矿不同生产工艺系统碳排放水平的优劣，并通过核算判断露天煤矿的主要碳排放源，为露天煤矿碳减排途径的研究提供依据。

我国露天煤矿的生产工艺系统主要分成间断工艺、半连续工艺、连续工艺，目前在我国应用的拉斗铲倒堆工艺为合并式间断公式，属于间断工艺的特殊代表。连续工艺中最具有代表性的是轮斗挖掘机—带式输送机—排土机，该工艺能够实现高效率和低成本的开采。但由于受到矿岩性质等因素的限制，连续工艺的应用范围很窄。目前露天矿中单斗—卡车—破碎机—带式输送机半连续工艺得到了越来越广泛的应用。为适应露天煤矿的清洁生产和降低成本，露天煤矿提倡动力能源以电代油，伊敏河一号露天煤矿引进了自移式破碎机，小龙潭矿务局布沼坝露天煤矿引进了他移式破碎机，丰富了国内露天采煤半连续工艺，填补了国内空白。

4.1 露天煤矿生产工艺介绍

露天采矿工艺是指利用一定的设备、程序把矿产资源从地壳中开采出来的方法或技术。露天开采工艺根据开采对象的不同可分为剥离工艺和采矿工艺。在同一矿山，剥离、采矿工艺可以相同，也可以不同。剥离工艺是指完成移除覆盖于矿产资源之上的废弃岩石所采用的方法或技术。采矿工艺是指把埋藏于地表或地表一定深度范围内的矿产资源从地层中分离出来的方法和技术。

露天矿生产工艺系统是指为实现矿山矿产资源经济开采目标所采用的采掘、运输、排卸这三个主要生产环节的设备组合体，有时也称开采工艺系统。

在机械化开采时代，依据物料流性质、所采用设备的不同，露天开采工艺系统主要分为间断式开采工艺系统如单斗汽车工艺系统、单斗铁道工艺系统，连续开采工艺系统如轮斗带式输送机工艺系统、链式带式输送机工艺系统等。这些工艺系统主要是根据采掘、运输环节所采用的设备组合进行命名的。

关于露天矿生产工艺系统的另外一种分类方法是根据采掘、运输、排卸这三个环节是否由各自独立的、设备完成，可划分成合并式开采工艺系统、独立式开采工艺系统两类。前者指采、运、排三个环节合并由一台设备完成，如拉斗铲倒堆工艺系统，该系统集采、运、排三个环节于一身，均由拉斗铲完成；后者是指采、运、排三个环节分别由不同的设备完成，如单斗汽车工艺系统，采掘环节由单斗挖掘机完成，排土作业由推土机完成。

中国矿业大学出版社1986年6月出版的《露天采矿学》教材中对露天矿生产工艺系统的分类参见表4-1。

表4-1　我国露天矿生产工艺系统分类

工艺系统分类		采用设备实例
间断工艺	A. 独立式	1. 单斗挖掘机或前装机＋铁道运输＋推土犁（或挖掘机）
		2. 单斗挖掘机或前装机＋汽车＋推土机
		3. 单斗挖掘机或前装机＋联合运输（汽车＋铁道；汽车＋箕斗；汽车＋溜井平硐＋排土设备）
	B. 合并式	1. 单斗挖掘机倒堆
		2. 拖拉铲运机开采
连续工艺	A. 独立式	1. 多斗挖掘机＋胶带＋排土机
		2. 水枪＋水利运输＋水利排土
		3. 挖泥船＋水力运输＋水利排土
	B. 合并式	1. 多斗挖掘机＋运输排土桥
		2. 带排土壁的轮斗挖掘机
半连续工艺		1. 单斗挖掘机＋汽车＋半固定破碎机＋胶带
		2. 单斗挖掘机＋移动破碎机＋胶带
		3. 多斗挖掘机＋汽车或铁路
		4. 上述间断/连续工艺的不同组合

美国露天矿生产工艺系统也主要根据采掘、运输、排卸各环节物料流是否连续及生产工艺环节使用的设备情况进行分类，分为间断式、连续式生产工艺系统两类，如表 4-2 所示。美国这种分类方法并没有单独列出半连续工艺系统这一类别，而是直接把半连续工艺列入间断工艺系统一类，靠在连续与间断工艺系统中间，这样分类比我国的分类方法要准确。也就是说，采、运、排这三个环节中物料流从始至终没有形成真正意义上的连续流，那么把这样的物料流划归间断流更为科学、严谨。

表 4-2 美国露天矿生产工艺系统分类及环节设备

作业环节	露天开采工艺系统及环节使用设备				
	连续系统	间断系统			
地面工作	无	爆破、犁松或无需准备			
采掘	多斗挖掘机（轮斗、链斗）	单斗挖掘机			
		推压式挖掘机或装载机		拉斗铲或拖拉式铲运机	斗式铲运机
运输	带式输送机	缓冲仓或破碎机	铁道运输	汽车	直接倒堆或耙送	铲斗
		带式输送机				
排卸	排土机	排土机	卸料仓或排土场			
复垦	推土机	推土机	推土犁	推土机或铲运机		

我国露天矿生产工艺系统分类目前通用分类方法主要倾向于根据采、运、排环节物料流是否连续分为表 4-1 所示的间断式、连续式、半连续式三种。20 世纪 80 年代以来，随着我国露天生产矿山不断向深部推进，露天矿山组合式开采工艺系统的应用越来越普遍。典型的应用单斗铁道工艺系统的矿山随着采场降深的增大，展线越来越困难，深部多数采用了单斗汽车工艺系统，经由铁道运输系统运至地表。1990 年后，新建的大型露天煤矿绝大多数采用的是组合工艺系统（亦称综合工艺系统、联合工艺系统），即剥离一般采用单斗汽车工艺系统，少数几个矿山（如黑岱沟、元宝山）采用了轮斗挖掘机、带式输送机连续生产工艺系统，采煤则由半连续工艺系统完成。

伴随着组合开采工艺系统应用范围的不断扩大，出现了开采工艺系统分类的新问题，即表 4-1 中应该增加一种组合工艺系统，其含义是在一个露天矿内采用两种或两种以上的开采工艺系统进行剥离和采矿作业。由此而来产生了另一个分类问题，即半连续开采工艺系统是否还应该独立存在，并作为开采工艺系统的一个独立类别而单独列出。

组合开采工艺系统作为一个独立的系统类别组合了不同的间断、连续工艺系统。如果承认组合开采工艺系统的存在，则半连续工艺系统实质上就无存在的必要和理由了。原因在于，半连续工艺系统实质是间断工艺系统和连续工艺系统的串联式组合，显然属于组合工艺系统的一种，如单斗汽车工艺采煤后，经由汽车运至破碎站破碎，再经由带式输送机运往选煤厂或装车站。前面两个环节是间断式工艺系统完成的，因此整个系统可称为半连续工艺系统，也叫组合工艺系统。对于另外一种情况，例如黑岱沟露天煤矿上部的黄土层，有时采用轮斗挖掘机采掘，通过汽车运输解决不完整工作面的开采作业，第一个作业环节采掘是连续作业，后续运输、排卸环节是间断作业，也是一种半连续工艺系统的组合。显然，半连续工艺系统是串联式的组合工艺系统，串联方式可以有间断—连续式和连续—间断式两种。在冶金矿山，就有研究者使用间断/连续运输（开采）工艺系统这样的称呼而没有使用半连续开采工艺系统这个术语。这个称呼由于明确指出间断采掘作业在前，连续运输环节在后（或反之）而显得更加科学、准确而清晰。

　　对于同一个露天矿山，采用组合式生产工艺系统往往是串联、并联的组合工艺系统，如我国黑岱沟露天煤矿剥离系统就有三套并联工艺系统（黄土层连续工艺系统、上部岩石单斗汽车工艺系统、下部岩石拉斗铲倒堆工艺系统或称合并式或间断式工艺系统），再加上采煤一套串联式组合工艺系统，共同组成了黑岱沟露天煤矿的组合生产工艺系统。再如中煤集团平朔安太堡露天煤矿的剥离环节采用单斗汽车工艺系统，采煤环节采用单斗汽车/坑边半固定破碎站/带式输送机组合工艺系统，剥离、采煤是并联式组合工艺系统，而采煤则是串联式组合工艺系统，整个露天矿山采用的是并联、串联组合工艺系统。霍林河南露天煤矿剥离采用单斗汽车工艺系统，采煤是单斗汽车/坑边半固定破碎站/带式输送机组合式开采工艺系统。我国大型露天煤矿继五大露天矿之后，采用的基本都是以单斗汽车工艺/半固定破碎站或单斗挖掘机/移动式破碎机/带式输送机为代表的串联式组合工艺系统采煤，单斗挖掘机/汽车或少数半连续工艺系统（如黑岱沟、元宝山）配合单斗汽车工艺系统进行剥离的组合式开采工艺系统。

　　根据露天矿山开采工艺系统的应用和演变情况，开采工艺系统的分类应该进行科学严密的划分，即表4-1的第三类应改为组合开采工艺系统，半连续工艺系统应列为组合开采工艺系统的一种，具体如表4-3所示。组合开采工艺系统也可称为联合开采工艺系统，或综合开采工艺系统。中国矿业大学的姬长生教授认为，组合一词更能表达这一工艺系统的特性，故倾向采用组合生产工艺系统这一术语，或者称为联合开采工艺系统，组合与联合含义相差不大，而综合一词概念稍大一些。

表4-3 露天开采工艺系统及可用设备

工艺系统分类			采用设备实例
间断工艺	A. 独立式		1. 单斗挖掘机或前装机 + 铁道运输 + 推土犁（或挖掘机）
			2. 单斗挖掘机或前装机 + 汽车 + 推土机
			3. 单斗挖掘机或前装机 + 联合运输（汽车 + 铁道；汽车 + 箕斗；汽车 + 溜井平硐 + 排土设备）
	B. 合并式		1. 单斗挖掘机倒堆；2. 拖拉铲运机开采
			3. 推土机推送或前装机采运
连续工艺	A. 独立式		1. 多斗挖掘机 + 胶带 + 排土机
			2. 水枪 + 水利运输 + 水利排土
			3. 挖泥船 + 水力运输 + 水利排土
	B. 合并式		1. 多斗挖掘机 + 运输排土桥
			2. 带排土壁的轮斗挖掘机
组合工艺系统	串联式组合	间断—连续式组合	1. 单斗挖掘机 + 汽车 + 固定或半固定破碎机 + 带式输送机
			2. 单斗挖掘机 + 移动破碎机 + 带式输送机
		连续—间断式组合	3. 多斗挖掘机 + 汽车或铁路
	并联式组合		1. 剥离与采矿：本表中两类不同组合
			2. 不同岩性剥离物与采矿：软岩连续工艺，硬岩间断工艺，矿石串联式组合工艺

综上所述，露天矿开采工艺系统按照物料流是否连续进行分类，可以分为间断式、连续式和组合式三类生产工艺系统。其中组合系统可以分为串联式组合、并联式组合两类；而串联式组合工艺系统对应的是目前国内大多习惯上称呼的半连续工艺系统，还可以进一步划分成间断—连续式组合与连续—间断式组合工艺系统两列。若从严格意义上划分，采、运、排三个环节构成开采工艺系统，在这个系统中物料流没有形成自始至终的连续流，因而习惯上称呼的半连续工艺系统实质上是间断流系统。如果不把组合系统单独列为一类，则串联式组合工艺系统在表4-3中列为间断式工艺系统一类也是合情合理的。但是对于大多数露天矿山而言，特别是大型露天老矿山，单独使用一种开采工艺系统的情况越来越少，使用组合工艺系统的矿山越来越多，所以表4-3所列三种露天矿开采工艺系统的分类比表4-1前进了一步。笔者更偏重于该分类法。

但是由于表4-1的分类方式接受度更为广泛，因此本书的碳排放核算方法中，不同生产工艺系统仍然以表4-1的分类为依据进行进一步核算。

4.2　不同生产工艺系统露天煤矿碳排放量初步核算研究

我国露天煤矿所处地理位置不同，主要位于山西、内蒙古、新疆、云南等省份。由于所在地区的不同，露天煤矿各方面的特点也各不相同，包括气候、地形地质的不同等，煤层的赋存情况和开采条件也各部相同。我国部分主要露天煤矿的基本情况如表4-4所示。

表4-4　我国主要露天煤矿基本情况表

序号	露天煤矿名称	储量（亿t）	剥离开采工艺/采煤开采工艺	省份	能力（Mt/a）
1	安太堡	7.8	剥离：单斗—卡车开采工艺 采煤：单斗—卡车—半固定破碎站—带式输送机半连续开采工艺	山西	15.0
2	安家岭	14.5	剥离：单斗—卡车开采工艺 采煤：单斗—卡车—半固定破碎站—带式输送机半连续开采工艺	山西	15.0
3	东露天	18.5	剥离：单斗—卡车开采工艺 采煤：单斗—卡车—半固定破碎站—带式输送机半连续开采工艺	山西	20.0
4	黑岱沟	16.7	剥离：单斗—卡车开采工艺、轮斗—带式输送机—排土机连续开采工艺、吊斗铲倒堆开采工艺 采煤：单斗—卡车—半固定破碎站—带式输送机半连续开采工艺	内蒙古	20.0
5	哈尔乌素	17.2	剥离：单斗—卡车开采工艺 采煤：单斗—卡车—端帮半固定破碎站—带式输送机半连续开采工艺	内蒙古	20.0
6	元宝山	3.92	剥离：轮斗—带式输送机—分流站—排土机连续开采 采煤：单斗—卡车—半移动式破碎站—带式输送机半连续开采工艺	内蒙古	5~8
7	扎哈卓尔	8.28	剥离：单斗—卡车开采工艺 采煤：单斗—卡车—半固定破碎站—带式输送机半连续开采工艺	内蒙古	2.5~15

续表

序号	露天煤矿名称	储量（亿t）	剥离开采工艺/采煤开采工艺	省份	能力（Mt/a）
8	霍林河南露天	13.5	剥离：单斗—卡车开采工艺 采煤：单斗—卡车—半固定破碎站—带式输送机半连续开采工艺	内蒙古	15.0
9	伊敏河一号露天	10.0	剥离：单斗—卡车开采工艺 采煤：单斗—卡车—半固定破碎站—带式输送机半连续开采工艺，单斗—自移式破碎机—带式输送机半连续开采工艺	内蒙古	11.0
10	胜利东一号	31.6	剥离：单斗—卡车开采工艺 采煤：单斗—卡车—半固定破碎站—带式输送机半连续开采工艺	内蒙古	30.0
11	胜利东二号	44.2	剥离：单斗—卡车开采工艺 采煤：单斗—卡车—半固定破碎站—带式输送机半连续开采工艺	内蒙古	30.0
12	白音华一号	8.3	剥离：单斗—卡车开采工艺 采煤：单斗—卡车—半固定破碎站—带式输送机半连续开采工艺	内蒙古	7.0
13	白音华二号	8.47	剥离：单斗—卡车开采工艺 采煤：单斗—卡车—自移式破碎站—带式输送机半连续开采工艺	内蒙古	15.0
14	白音华三号	13.76	剥离：单斗—卡车开采工艺 采煤：单斗—卡车—半固定破碎站—带式输送机半连续开采工艺	内蒙古	14.0
15	白音华四号	21.0	单斗—卡车开采工艺	内蒙古	24.0
16	新疆准东	17.72	剥离：单斗—卡车开采工艺 采煤：单斗—卡车—半固定破碎站—带式输送机半连续开采工艺	新疆	15.0
17	布沼坝	10.93	剥离：单斗—卡车开采工艺 采煤：单斗—卡车—他移式破碎站—带式输送机半连续开采工艺	云南	13.0

由表4-4可知，我国露天煤矿剥离工艺应用最广泛的是单斗—卡车间断工艺，采煤工艺中应用最广泛的是半连续工艺，半连续工艺中应用最多的为单斗—卡车—半固定破碎站—带式输送机工艺。

为了研究采用不同生产工艺系统的露天煤矿碳排放量的区别，选取具有代表性的露天煤矿作为研究对象。综上，选取安家岭露天煤矿，伊敏河露天煤矿，黑岱沟露天煤矿和布沼坝露天煤矿作为本节的研究对象。四个露天煤矿的基本情况见表4-5，运用第三章的露天煤矿碳排放量初步估算模型进行核算并分析。结合三个露天矿的基础统计资料，以2000年以来不同生产工艺系统露天煤矿的碳排放量作为研究对象，量化对比不同露天煤矿的碳排放量，以探求不同开采工艺系统的优势区间。

表4-5 不同工艺系统的代表性露天煤矿

露天矿	设计生产规模（Mt/a）	剥离工艺	采煤工艺
伊敏河	11	间断	半连续
安家岭	20	间断	半连续
黑岱沟	21	连续/半连续/倒堆	半连续
布沼坝	13	间断	半连续

此处碳排放量的核算边界为煤炭生产过程中的碳排放量，外包剥离部分的碳排放量不计入其中。为使各个煤矿的碳排放量具有可比性，剥采比并非实际剥采比，而是除去外包剥离部分后的自营剥采比。

4.2.1 露天煤矿生产工艺介绍

露天煤矿概况

（1）安家岭露天煤矿。

安家岭露天煤矿是平朔矿区的三个露天矿之一。平朔矿区位于山西省宁武煤田北端。地跨朔州市平鲁、朔城两区，属山西省朔州市管辖。全区规划总建设规模93.50Mt/a，其中的3个露天矿，分别是安太堡15.00Mt/a，安家岭露天矿25.0Mt/a，东露天矿20.0Mt/a，井工矿13个（规划产量规模为48.50Mt/a）。

安家岭露天矿设计生产能力为10.00Mt，1998年开工建设，2001年试生产，2003年达产，2005年开始实施扩帮改造工程，2008年陆续投入四套新的设备，产能增至20.00Mt。设计开采范围47.92Km^2，主要可采煤层为4-1、4-2、9、11号煤层，总厚度约29.5m。剥离环节采用单斗—卡车间断工艺，采煤环节为半连续工艺，即单斗—卡车—地面半固定破碎站—胶带输送机。该地区气温较低，以年温差与日温差大为特点。年平均气温 5.4～13.8℃，绝对最高温度 +37.9℃，绝对最低温度 -32.4℃，一般日温差也在 18～25℃ 以上。

（2）伊敏河露天煤矿。

伊敏河露天煤矿位于世界著名草原——呼伦贝尔大草原境内的鄂温克族自治旗，距离呼伦贝尔市 76km 处。伊敏煤田在普查的 50 多亿吨储量中，有 25.5 亿吨储量适合于露天开采。

伊敏河露天矿成立于 1982 年，在 1983 年末开工建设，年产煤量 1Mt/a，采用了单斗—卡车工艺，1984 年末达产；1991 年开始 5Mt/a 一期工程扩建，1998 年 5 月建成达产，2000 年达到设计能力。2003 年进行二期扩建，使设计能力达到 11.10Mt/a，引入新增 6Mt/a 二期工程开工并于 2007 年末投产。2009 年开始 5Mt/a 三期工程。目前，该露天矿年生产能力达到 2000 万吨以上。伊敏河露天煤矿引入德国 Krupper 公司生产的破碎机组，系统由破碎机和两台转载车组成，系统设计生产能力 3000t/h。

露天煤矿的气候极为寒冷，据呼伦贝尔气象站及其他有关资料显示，本区年平均气温 -1.9℃；极端最高气温 37.3℃；极端最低气温 -48.5℃；年平均无霜期 119d；冻冰期自 9 月下旬到翌年 4 月下旬，平均结冻日数 245.2d，平均结冻深度 3.235m；平均积雪日数 141.6d，最长 160d。平均积雪厚度 10.24cm，最大 22cm，漫长的严寒期，给露天矿的生产带来诸多的不利影响，将导致生产成本增加，效率降低。

伊敏河露天煤矿的具体生产工艺情况为：一期工程剥离工艺采用单斗—卡车开采工艺，采煤工艺应用了两套单斗—卡车—半移动式破碎站—带式输送机系统的半连续开采工艺；二期工程剥离工艺为单斗—卡车开采工艺，采煤采用一套单斗—自移式破碎机—带式输送机系统半连续开采工艺和一套单斗—卡车—半移动式破碎站—带式输送机系统半连续开采工艺；三期工程煤的生产系统采用一套自移式破碎机和两套半移动式破碎站半连续开采工艺系统，2000—2007 年主要用半移动破碎站，2008—2010 年部分采用半移动破碎站，部分采用自移式破碎机。

输煤系统包括破碎、储煤、向电厂输煤、外运装车等环节。其基本的工艺情况为：伊敏露天矿采煤半连续工艺系统由单斗电铲、自移式破碎机、A 型转载机、工作面胶带机、B 型转载机构成。系统采用电铲装载自移式破碎机，然后通过 A 型转载机，将煤输送至工作面胶带机（M11），再经过 B 型转载机到端帮胶带机（M41），最后利用 B 型转载站进入地面输煤系统中。地面输煤系统主要包括三部分：一入电厂供煤，二入快速装车系统的外运供煤，三入储煤场储煤。

（3）黑岱沟露天煤矿。

黑岱沟露天煤矿属于神华集团的准格尔能源有限责任公司，是国家"八五"计划期间的重点项目准格尔项目一期工程的三大主体工程之一，是我国自行设计和自行施工的特大型露天煤矿。准格尔煤田位于内蒙古自治区鄂尔多斯市准格尔旗东部，而黑岱沟露天煤矿位于准格尔煤田中部。黑岱沟露天煤矿初步设计由东北内蒙古煤炭工业联合公司沈阳煤矿设计院于 1988 年 10 月完成，中国统配煤矿总公司和国家能源投资公司于 1989 年 4 月以"［89］中煤总基字第 146 号"文件批准。该工程于 1990 年 7 月开工，1996 年 7 月竣工试生产，1999 年 10 月国家正式验收，投入生产。2003 年 6 月，中煤国际工程集团沈阳设计研究院编制了《神华集团准格尔能源有限责任公司黑岱沟露天煤矿拉斗铲工艺技术改造初步设计说明书》，将原设计能力由 12.00Mt/a 提高到 20.00Mt/a。2006 年矿山实际年生产能力为 23.76Mt，首次达到并超过设计的生产能力。黑岱沟的具体开采工艺系统分成两个阶段：第一阶段，黄土层为轮斗挖掘机—带式输送机—排土机连续开采工艺，岩石层为单斗—卡车间断开采工艺，采煤环节为单斗—卡车—地面破碎站—带式输送机半连续工艺；第二阶段，黄土层为轮斗挖掘机—带式输送机—排土机连续开采工艺，岩石为单斗—卡车间断开采工艺和拉斗铲倒堆工艺，采煤为单斗—卡车—地面破碎站—带式输送机半连续工艺。

（4）布沼坝露天煤矿。

小龙潭矿务局布沼坝露天煤矿是我国西南地区最大的煤矿，设计生产能力 13.00Mt/a，一期均衡剥采比为 1.41m³/a，剥离部分为单斗—卡车工艺，采煤部分为单斗—卡车—他移式破碎站—带式输送机半连续工艺开采；该矿由于采剥煤岩的硬度较小，因此无需爆破。2008 年布沼坝露天煤矿实际生产原煤 9.70 Mt。

4.2.2 露天煤矿碳排放量初步分析

（1）识别不同露天煤矿的碳排放源。

根据露天煤矿的实际情况，对选取的露天煤矿进行碳排放源识别。根据是否有爆破环节，确定碳排放源中是否包含炸药。伊敏河和布沼坝爆破量很小，炸药用量少，且所用炸药为乳化炸药，暂无准确的碳排放因子，因此碳排放源中不考虑炸药，它们的碳排放源包括柴油、汽油、逸散、自燃和电力；安家岭、黑岱沟露天煤矿的碳排放源包括柴油、汽油、炸药、逸散、自燃和电力。

（2）碳排放因子的确定。

露天煤矿所用的炸药主要包括硝铵炸药和乳化炸药，硝铵炸药的碳排放因子可以确定，而乳化炸药的碳排放因子还无法确定。由于乳化炸药的比重较少，因此计算时统一按照矿用主要炸药的排放因子计算。安家岭露天煤矿主要消耗的炸药为硝铵炸药，黑岱沟露天煤矿爆破环节中使用的炸药主要有铵油炸药和2号岩石炸药。各露天煤矿炸药的碳排放因子见表4－6；伊敏河露天煤矿的爆破作业仅用于冻帮松动，炸药用量不足千吨，且为乳化炸药，所以伊敏河露天煤矿的碳排放量核算中不计算炸药引起的碳排放量。

电力碳排放因子的选取与露天煤矿的位置有关，安家岭露天煤矿位于山西省，伊敏河露天煤矿位于内蒙古鄂温克族自治旗，黑岱沟露天煤矿位于内蒙古自治区鄂尔多斯市准格尔旗东部，布沼坝露天煤矿位于云南省。根据中国电网的分布可知，安家岭、伊敏河、黑岱沟露天煤矿属于华北区域，布沼坝露天煤矿属于南方区域，电力碳排放因子见表4－6。由于自燃部分未统计，在计算过程中暂不计入该部分的碳排放量，因而不考虑自燃的碳排放因子。书中对于选取的露天煤矿碳排放量的研究时间段主要为2000—2010年，逸散的碳排放因子选取国内较为成熟的研究结论。四个露天矿主要碳排放源的碳排放因子见表4－6。

表4－6　露天煤矿碳排放因子汇总表

碳排放源	单位	安家岭碳排放因子	伊敏河碳排放因子	黑岱沟碳排放因子	布沼坝碳排放因子	备注
车用汽油	t/t	3.08	3.08	3.08	3.08	《IPCC 2006年指南》
柴油	t/t	3.2	3.2	3.2	3.2	《IPCC 2006年指南》
电力	t/MWh	1.0069	1.0069	1.0069	0.9987	国家发改委
铵油炸药	t/t			0.1768		笔者
2号岩石炸药	t/t			0.2222		笔者
硝铵炸药	t/t	0.2629				笔者
开采中逸散	10^{-6}t/t	27.6375	27.6375	27.6375	27.6375	中国学者
开采后逸散	10^{-6}t/t	8.375	8.375	8.375	8.375	中国学者

由于露天煤矿汽油统计数据收集较为困难，安家岭和伊敏河露天煤矿的汽油数据缺失，未计入露天煤矿的碳排放量中。

通过运用露天煤矿碳排放量初步核算模型，四个露天煤矿的总碳排放量和单位碳排放量见表 4-7 至表 4-10。其中，吨煤碳排放量＝年碳排放总量/年产煤量，单位剥采碳排放量＝年碳排放总量/年剥采量。碳排放水平的高低，由吨煤碳排放量和单位剥采量碳排放量决定。以哪个指标衡量取决于应用者，如看重单位剥采碳排放水平，则以单位剥采碳排放量为主，若看重吨煤碳排放水平，则以吨煤碳排放量为主。在不同工艺的碳排放水平比较过程中，服从 A 优于 B，B 优于 C，则 A 优于 C 的原则。

表 4-8 中，伊敏河露天煤矿的碳排放量分为两个阶段，因为伊敏河在 2008 年开始部分使用自移式破碎系统，属于工艺转型。

从表 4-7 到表 4-10 可知，对于安家岭露天煤矿，柴油为其最主要的碳排放源，约占总碳排放量的 70%；电力为排位第二的碳排放源，约占 25%。对于伊敏河露天煤矿，主要的碳排放源为电力和柴油，电力占总碳排放量的比例为 45.42% ~ 73.84%，柴油为 25.92% ~ 54.06%。工艺变化之前，电力为第一碳排放源，工艺变化之后，柴油为第一碳排放源。对于黑岱沟露天煤矿，柴油为 60% 左右，电力为 40% 左右，柴油为第一碳排放源。布沼坝露天煤矿，电力约 80%，柴油约 20%，间接碳排放源电力的碳排放量最大。露天煤矿的两大碳排放源为电力和柴油。不同的露天煤矿，不同的工艺系统，两者的排序不同。

4.2.3　不同生产工艺的碳排放水平比较

对于不同生产工艺露天煤矿的分析主要通过碳排放最优、最差和总体水平进行比较。

从表 4-7 至表 4-10 中提取数据得到表 4-11。碳排放总水平通过累计碳排放总量除以累计煤炭总产量或累计总剥采量得到。每个露天煤矿代表的具体工艺见表 4-12。其中，伊敏河 1 表示 2000—2007 年的碳排放水平，伊敏河 2 表示 2008—2010 年的碳排放水平；黑岱沟 1 表示 2001—2007 年的碳排放水平，黑岱沟 2 表示 2008—2010 年的碳排放水平。表 4-11 中每个露天矿的碳排放水平代表表 4-12 中对应的开采工艺。

表 4 - 7　安家岭基础数据及碳排放量

项目	单位	2002 年	2003 年	2004 年	2005 年	2006 年	2007 年	2008 年	2009 年	2010 年
原煤产量	万 t	865.93	1101.39	1444.64	1500.94	1751.27	1672.72	1451.02	1763.14	2303.99
柴油用量	t	32278.35	34865.32	32379	26830.52	28247.58	50765.01	51051.8	55332.08	64119.98
电力用量	MWh	36191.14	40403.24	54725.25	44024.81	37111.48	39872.82	47657.04	66370.68	64663.61
炸药用量	t	14871.72	15498.83	19924.22	21692.13	19322.13	28377.6	34221.01	39010.31	46013.99
柴油碳排放量	t	103290.72	111569.02	103612.80	85857.66	90392.26	162448.03	163365.76	177062.66	205183.94
电力碳排放量	t	36440.86	40682.02	55102.85	44328.58	37367.55	40147.94	47985.87	66828.64	65109.79
炸药碳排放量	t	3909.78	4074.64	5238.08	5703.07	5079.79	7460.47	8996.70	10255.81	12097.08
逸散碳排放量	t	311.84	396.64	520.25	540.53	630.68	602.39	522.55	634.95	829.72
碳排放总量	t	143953.20	156722.33	164473.98	136429.84	133470.27	210658.83	220870.89	254782.05	283220.53
柴油碳排放比例	%	71.75	71.19	63.00	62.93	67.72	77.11	73.96	69.50	72.45
电力碳排放比例	%	25.31	25.96	33.50	32.49	28.00	19.06	21.73	26.23	22.99
炸药碳排放比例	%	2.72	2.60	3.18	4.18	3.81	3.54	4.07	4.03	4.27
逸散碳排放比例	%	0.22	0.25	0.32	0.40	0.47	0.29	0.24	0.25	0.29
吨煤碳排放量	10^{-4} t/t	166.24	142.30	113.85	90.90	76.21	125.94	152.22	144.50	122.93
剥采总量	万 m³			5807.36	5280.25	5550.99	5758.74	5976.51	9356.27	10522.67
单位剥采碳排放量	10^{-4} t/m³			28.32	25.84	24.04	36.58	36.96	27.23	26.92

表4-8 伊敏河基础数据及碳排放量

项目	单位	2000年	2001年	2002年	2003年	2004年	2005年	2006年	2007年	2008年	2009年	2010年
原煤产量	万t	466.37	493.77	511.91	550.92	638.17	763.58	840.99	940.52	1382.93	1420.27	1550
柴油用量	t	8390.93	6636.76	6162.37	6208.32	7994.36	9963.19	9707.55	9962.94	17171.88	15321.89	18111.75
电力用量	MWh	67250.55	58610.5	55798.19	34267.22	41736.32	36880.91	35910.27	38279.2	50338.77	43318.27	48360
柴油碳排放量	t	26850.98	21237.63	19719.58	19866.62	25581.95	31882.21	31064.16	31881.41	54950.02	49030.05	57957.60
电力碳排放量	t	67714.58	59014.91	56183.2	34503.67	42024.3	37135.39	36158.05	38543.33	50686.11	43617.17	48693.68
逸散碳排放量	t	167.95	177.82	184.35	198.40	229.82	274.98	302.86	338.70	498.03	511.47	558.19
碳排放总量	t	94733.51	80430.36	76087.14	54568.69	67836.07	69292.58	67525.07	70763.44	106134.15	93158.69	107209.47
柴油碳排放比例	%	28.34	26.40	25.92	36.41	37.71	46.01	46.00	45.05	51.77	52.63	54.06
电力碳排放比例	%	71.48	73.37	73.84	63.23	61.95	53.59	53.55	54.47	47.76	46.82	45.42
逸散碳排放比例	%	0.18	0.22	0.24	0.36	0.34	0.40	0.45	0.48	0.47	0.55	0.52
万吨煤碳排放量	10^{-4} t/t	203.13	162.89	148.63	99.05	106.30	90.75	80.29	75.24	76.75	65.59	69.17
剥采总量	万 m^3	1309.1	1358.13	1399.15	1479.93	1717.64	2014.91	2086.5	2451.52	3855.16	4559.59	5681.82
单位剥采碳排放量	10^{-4} t/m^3	72.37	59.22	54.38	36.87	39.49	34.39	32.36	28.87	27.53	20.43	18.87

表4-9 黑岱沟基础数据及碳排放量

项目	单位	2001年	2002年	2003年	2004年	2005年	2006年	2007年	2008年	2009年	2010年
原煤产量	万t	591.89	904.84	1134.72	1673.48	1984.66	2375.87	2549.75	2283.88	2632.35	2632.36
柴油消耗量	t	13969.10	17597.73	24508.02	27902.57	29451.74	34653.62	33776.40	35660.64	38772.06	47183.94
汽油消耗量	t	312.34	312.76	205.01	207.88	229.96	228.92	226.43	220.97	241.47	261.48
炸药消耗量	t	6212.70	11309.12	11579.17	18940.16	21621.40	21985.00	25635.42	31945.56	35003.24	45051.15
电力消耗量	MWh	30576.23	38410.76	45884.65	52798.27	65937.47	73794.56	66692.09	92375.42	86315.44	97821.70
柴油碳排放量	t	44701.11	56312.74	78425.65	89288.23	94245.58	110891.58	108084.49	114114.04	124070.60	150988.60
汽油碳排放量	t	962.02	963.30	640.27	640.27	708.27	705.07	697.39	680.59	743.73	805.37
炸药碳排放量	t	1098.41	1999.45	2047.20	3348.62	3822.66	3886.95	4532.34	5647.97	6188.57	7965.04
逸散碳排放量	t	213.15	325.86	408.64	602.66	714.72	855.61	918.23	822.48	947.98	947.98
电力碳排放量	t	30787.21	38675.79	46201.25	53162.58	66392.43	74303.74	67152.27	93012.81	86911.02	98496.67
碳排放总量	t	77761.90	98277.14	127723.01	147042.36	165883.67	190642.96	181384.71	214277.89	218861.90	259203.66
柴油碳排放比例	%	57.48	57.30	61.40	60.72	56.81	58.17	59.59	53.26	56.69	58.25
汽油碳排放比例	%	1.24	0.98	0.50	0.44	0.43	0.37	0.38	0.32	0.34	0.31
炸药碳排放比例	%	1.41	2.03	1.60	2.28	2.30	2.04	2.50	2.64	2.83	3.07
逸散碳排放比例	%	0.27	0.33	0.32	0.41	0.43	0.45	0.51	0.38	0.43	0.37
电力碳排放比例	%	39.59	39.35	36.17	36.15	40.02	38.98	37.02	43.41	39.71	38.00
吨煤碳排放量	10^{-4} t/t	131.38	108.61	112.56	87.87	83.58	80.24	71.14	93.82	83.14	98.47
剥采总量	万m³	4311.42	5983.22	8849.58	8234.92	8831.30	9639.01	10017.61	10517.48	10521.48	12442.42
单位剥采碳排放量	10^{-4} t/m³	18.04	16.43	14.43	17.86	18.78	19.78	18.11	20.37	20.80	20.83

表 4 - 10 布沼坝基本数据及碳排放量（2008 年）

采煤量	万 t	970
柴油	t	3269
汽油	t	516
电力	MWh	44230
柴油碳排放量	t	10460.8
汽油碳排放量	t	1589.28
逸散碳排放量	t	349.32
电力碳排放量	t	44172.5
碳排放总量	t	56571.9
柴油碳排放比例	%	18.49
汽油碳排放比例	%	2.81
逸散碳排放比例	%	0.62
电力碳排放比例	%	78.08
吨煤碳排放量	10^{-4}t/t	58.32
采运总量	万 m³	2546.25
单位剥采碳排放量	10^{-4}t/m³	22.22

表 4 - 11 不同露天煤矿碳排放水平

露天煤矿	单位剥采碳排放量（10^{-4}t/m³）			吨煤碳排放量（10^{-4}t/t）		
	最优水平	最差水平	总水平	最优水平	最差水平	总水平
安家岭	24.04	36.96	29.09	76.21	166.24	123.03
伊敏河1	28.87	72.37	42.07	75.24	203.13	111.64
伊敏河2	18.87	27.53	21.74	65.59	76.75	70.41
黑岱沟1	14.43	19.78	17.70	71.14	131.38	88.16
黑岱沟2	20.37	20.83	20.68	83.14	98.47	91.72
布沼坝	22.22	22.22	22.22	58.32	58.32	58.32

表 4 – 12 不同露天煤矿的生产工艺系统

露天煤矿	岩石剥离工艺	采煤工艺	备注
安家岭	单斗—卡车	单斗—卡车—地面半移动式破碎站—带式输送机	黑岱沟表土剥离为轮斗挖掘机—带式输送机—排土机连续开采工艺
伊敏河 1	单斗—卡车	单斗—卡车—地面半移动式破碎站—带式输送机	
伊敏河 2	单斗—卡车	单斗—卡车—地面半移动式破碎站和坑底自移式破碎机—带式输送机	
黑岱沟 1	单斗—卡车	单斗—卡车—地面破碎站—带式输送机	
黑岱沟 2	单斗—卡车;拉斗铲倒堆工艺	单斗—卡车—地面破碎站—带式输送机	
布沼坝	单斗—卡车	单斗—卡车—端帮他移式破碎站—带式输送机	

对于这几个露天煤矿的碳排放水平，衡量准则为碳排放量越低越优，即碳排放量越小，则碳排放水平越优，碳排放量越大，则碳排放水平越差。

以单位剥采碳排放量为衡量标准时，按照总碳排放水平排序，由好到差的顺序分别为黑岱沟 1、黑岱沟 2、伊敏河 2、布沼坝、安家岭、伊敏河 1；以吨煤碳排放量为衡量标准时，按照总碳排放水平排序，由好到差的顺序分别为布沼坝、伊敏河 2、黑岱沟 1、黑岱沟 2、伊敏河 1、安家岭。

由此可知，两种衡量标准下的露天煤矿碳排放水平排序不同，造成不同的原因主要是露天煤矿剥采比的不同，属于先天地质条件的不公平。当核算目标为比较不同露天煤矿的碳排放水平时，不考虑外界客观因素造成的影响，类似于不同露天煤矿的能耗水平比较，以吨煤碳排放量为衡量指标；当研究重点为分析不同生产工艺系统的碳排放水平，则采用单位剥采碳排放量指标进行比较更为合理，因为在碳排放量核算中包含了剥离产生的碳排放量。

黑岱沟 1 和黑岱沟 2 的工艺区别为，黑岱沟 1 的岩石剥离为间断工艺，黑岱沟 2 的岩石剥离部分采用间断工艺，部分采用拉斗铲倒堆工艺。黑岱沟 1 的总碳排放水平优于黑岱沟 2，即表示单斗—卡车工艺在碳排放水平的比较中优于拉斗铲倒堆工艺。然而黑岱沟 2 与安家岭、伊敏河 1 比较时，却得到了拉斗铲倒堆工艺的碳排放水平优于单斗—卡车工艺。因此，对剥离采用不同工艺时碳排放水平的高低暂无定论，需要进行更为详细的分析比较。

伊敏河 2 岩石剥离采用了单斗—卡车间断工艺，采煤部分采用了地面破碎半连续工艺和坑底自移破碎半连续工艺相结合。布沼坝剥离采用了单斗—卡车间断工艺，采煤采用了端帮破碎半连续工艺。与伊敏河 2 相比，剥离部分相同，采煤部分工艺不同。两者比较结果显示，坑底自移破碎和地面半移动破碎半连续工艺优于端帮破碎半连续工艺。

安家岭剥离部分与布沼坝剥离部分工艺相同，采煤部分为地面破碎半连续工艺，安家岭碳排放水平弱于布沼坝，说明端帮破碎半连续工艺优于地面破碎半连续工艺。也间接说明伊敏河2的碳排放水平优于布沼坝的原因为坑底自移破碎半连续工艺优于端帮破碎半连续工艺。

安家岭与伊敏河1的剥离与采煤工艺均相同，剥离采用间断工艺，采煤采用地面破碎半连续工艺，属于同工艺的比较，综合水平伊敏河1碳排放水平比安家岭要差，该结果也说明工艺系统碳排放水平的高低也有很大一部分取决于露天煤矿本身的特点，最重要的影响因素为剥采比，虽然工艺相同，但是由于剥采比相差较大，同工艺的碳排放水平也有高有低。因此具体的生产工艺系统的选择应结合露天煤矿的实际情况及碳排放水平以确定露天煤矿最终选择的生产工艺系统。

通过实例验证，所得到的结论为：当剥离工艺为单斗—卡车工艺时，坑底自移破碎半连续工艺优于端帮破碎半连续工艺优于地面破碎半连续工艺，并且当坑底自移破碎和地面破碎半连续工艺结合时有可能优于端帮破碎半连续工艺。

上述结论是通过对单位剥采碳排放量的比较所得出。但是露天煤矿的剥采比属于碳排放的先天条件，通过吨煤碳排放量比较具有一定的现实意义，可以客观反映各个露天煤矿的碳排放水平。若从吨煤碳排放量指标角度进行衡量，排序仅反映了露天煤矿的碳排放水平，不代表工艺系统的碳排放水平。则几个露天煤矿以吨煤碳排放量为衡量标准时，绝对碳排放水平由优到差的排序为：布沼坝、伊敏河2、黑岱沟1、黑岱沟2、伊敏河1、安家岭。

露天煤矿的碳排放水平除与剥采比相关外，也与其他因素相关，如设备利用效率、设备状态、碳排放因子等。当采用相同的生产工艺系统时，碳排放水平有高有低，因此实现露天煤矿的低碳发展，实际上就是努力使露天煤矿所采用的每种生产工艺系统均实现其碳排放水平的最优化，也就实现了露天煤矿的低碳化。

4.2.4 相同生产工艺系统的碳排放水平比较

通过4.2.3节对于不同生产工艺系统的碳排放水平的横向比较，得出了一些对于现场生产作业和开采工艺系统选择的指导性结论，本节对相同生产工艺系统的碳排放水平进行纵向比较，通过控制变量的方法，分析采用相同工艺的露天煤矿在不同时间不同产量时的碳排放水平差异。

对于相同工艺露天煤矿的碳排放水平，以伊敏河露天煤矿为例进行研究，主要研究随着产量或剥离量的增加，伊敏河露天煤矿的总碳排放量、单位碳排放量和边际碳排放量的关系。由于伊敏河2008—2010年工艺与2000—2007年工艺不同，所以选取2000—2007年时间范围内的碳排放量作为研究对象。

（1）当产量递增变化时，总碳排放量与吨煤碳排放量随着煤炭年产量的变化趋势如图4-1和图4-2所示。

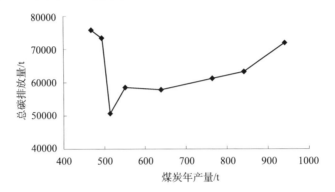

图4-1　总碳排放量与煤炭年产量的关系曲线

从图4-1中曲线的走势可以看出，随着煤炭年产量的增加，总的碳排放量先减少，然后增加。整体的趋势为露天煤矿总碳排放量随年产量增大而增大。

图4-2中，随着产量的增加，吨煤碳排放量基本处于下降的趋势。随着工艺系统的效率提高，吨煤碳排放量水平下降，属于合理的碳排放水平。当该曲线开始上升时，说明碳排放水平不再处于合理水平，应及时采取调整措施。

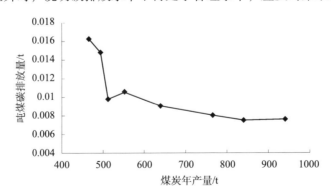

图4-2　吨煤碳排放量与煤炭年产量的关系曲线

（2）剥采量变化时，总碳排放量和单位剥采碳排放量随着总剥采量的变化趋势如图4-3和图4-4所示。

图4-3中曲线的走势表明：随着剥采总量的增加，总的碳排放量先减少，然后增加，但是随着剥采总量的不断增长，其总碳排放量呈现出上扬的趋势。

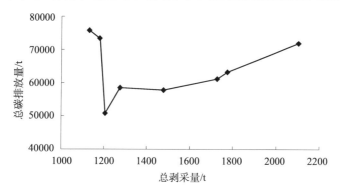

图4-3　总碳排放量与总剥采量的关系曲线

图4-4中，随着剥采量的增加，单位剥采碳排放量基本处于下降的趋势。随着工艺系统效率的提高，单位剥采碳排放量水平不断下降，该阶段处于合理的碳排放水平。当工艺不变，该曲线开始上升时，则碳排放水平不再处于合理水平，需要采取措施进行调整。

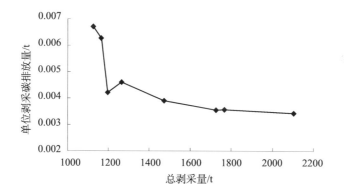

图4-4　单位剥采碳排放量与总剥采量的关系曲线

变量分别为采煤量和剥采量时，吨煤碳排放量和单位剥采碳排放量趋势基本相同。

由此可以得到以下结论：当露天煤矿采用同一生产工艺系统时，随着煤炭产量或剥采总量的增加，露天煤矿单位碳排放水平基本呈现下降的趋势，体现了规模效应。

4.3 不同生产工艺系统基于生产环节
露天煤矿碳排放量核算研究

露天煤矿生产环节介绍

当采用基于生产环节的露天煤矿碳排放量核算模型时，不同环节的碳排放源取决于所采用的工艺系统及选用的设备。

对露天煤矿各个生产环节的具体设备所对应的碳排放源进行核算时，其分析流程见图4-5。流程图中的"有无"代表是否有穿孔爆破环节，模型中的破碎环节表示胶带输送机运输的前一环节中对于原煤的破碎，而非传统意义中穿孔爆破环节中的岩土松碎。在间断和半连续生产工艺系统中，采掘设备主要为单斗挖掘机，连续工艺系统中为轮斗挖掘机。间断系统的运输设备主要指卡

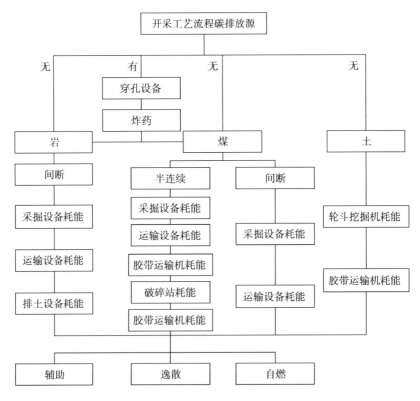

图4-5 碳排放源识别流程

车，半连续系统的运输设备则主要指卡车和胶带输送机，连续工艺的运输设备主要指胶带输送机。当剥离部分为间断工艺时，碳排放源还包括排土设备。当采煤部分为半连续工艺时，对胶带输送运输的前一环节破碎进行单独分析。另外，还需要分析辅助设备以及逸散和自燃碳排放源。

碳排放源识别中涉及设备的能源消耗类别，对露天煤矿常用设备的能源消耗类别见表 4-13。

表 4-13 露天煤矿常用设备能源消耗类别

环节	设备名称	能源消耗类别	直接源/间接源
穿孔	潜孔钻机	电力	间接
	牙轮钻机	电力	间接
采装	液压铲	电力/柴油	间接/直接
	电铲	电力	间接
	吊斗铲	电力	间接
	轮斗铲	电力	间接
	前装机	柴油	直接
破碎	破碎机	电力	间接
运输	卡车	柴油	直接
	胶带运输机	电力	间接
	前装机	柴油	直接
排土	推土机	柴油	直接
	排土机	电力	间接
辅助	洒水车/炸药车/推土机/压路机/平地机等	柴油	直接
	起重机	电力/柴油	间接/直接
	办公用车	汽油	直接
	水泵	电力	间接

当露天煤矿的生产工艺系统不同时，穿孔、采装、破碎、运输、排上、辅助环节所采用的设备不同，进而导致能耗不同，按照工艺系统不同环节的能耗种类见表 4-14。

表 4-14 露天煤矿工艺环节能源消耗种类

工艺	穿孔	采装	破碎	运输	排土	辅助
间断工艺	电	电/柴油		柴油	柴油	柴油/汽油/电力
半连续工艺	电	电/柴油	电	电/柴油	柴油	柴油/汽油/电力
连续工艺	电	电		电	电	柴油/汽油/电力
拉斗铲倒堆工艺	电	电		电	电	柴油/汽油/电力

与其他工艺系统相比，拉斗铲倒堆工艺将采、运、排三个环节合并在一起，从而提高了电力利用率。从表4-14中可以直观看出连续工艺与半连续工艺相比，减少了破碎环节，连续性好、单位生产能力大、能源利用效率较高。

据统计，我国露天煤矿剥离工艺中约90%采用单斗—卡车间断工艺，采煤工艺中约70%采用半连续工艺。因此，本节主要分析的工艺系统为剥离部分采用单斗—卡车间断工艺，采煤部分为单斗—卡车间断工艺和不同形式的半连续工艺。半连续工艺根据破碎位置的不同分为四种：单斗—卡车—端帮破碎—胶带输送机半连续工艺、单斗—卡车—地面破碎—胶带输送机半连续工艺、单斗—卡车—自移坑底破碎—胶带输送机半连续工艺、单斗—卡车—地面破碎和自移坑底破碎—胶带输送机半连续工艺。通过情境假设法比较同一露天煤矿五种不同生产工艺系统的碳排放水平，主要用于分析不同生产工艺系统碳排放水平的优劣。

五种工艺系统的示意图见图4-6至图4-10。图中间断工艺特指单斗—卡车工艺系统。

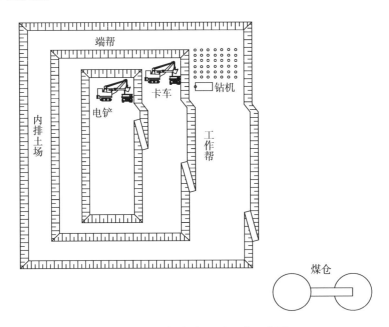

图4-6　间断/间断开采工艺示意图

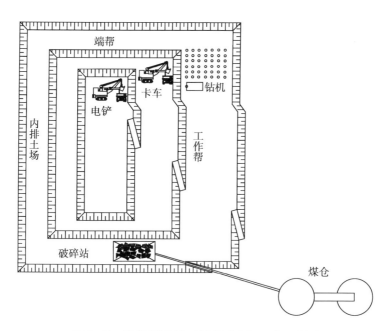

图 4 - 7 间断/半连续（端帮破碎）工艺示意图

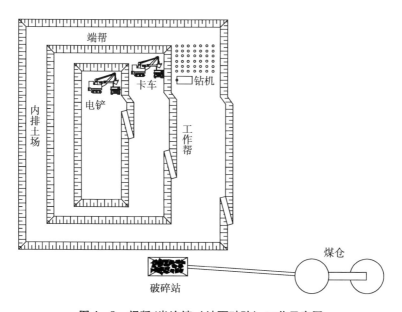

图 4 - 8 间断/半连续（地面破碎）工艺示意图

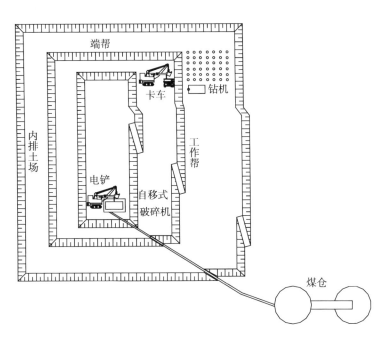

图 4 - 9　间断/半连续（坑底自移式）工艺示意图

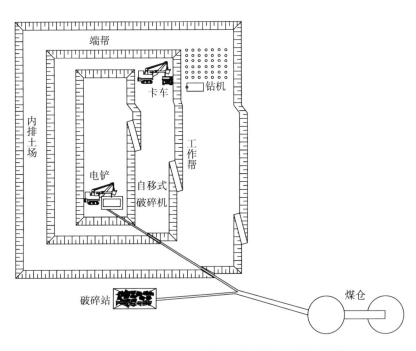

图 4 - 10　间断/半连续（地面和自移式）工艺示意图

情境假设：我国华北地区某露天煤矿已全面达产。年采煤量为 20.00Mt，年剥离量为 80.00Mm³，岩石容重为 2t/m³、煤容重为 1.6t/m³ 计。包含穿孔爆破环节，某年岩石钻孔长度为 1.70Mm，煤钻孔长度为 0.28Mm，岩石爆破量为 80.00Mm³，煤爆破量为 12.50Mm³。爆破炸药为硝铵炸药，炸药岩单耗为 0.45kg/m³，炸药煤单耗为 0.274kg/m³。以一年为研究周期，分析各个环节的碳排放量。假定排土环节、辅助环节和自燃环节碳排放量为定值，在各个工艺条件下均相等，不影响总的碳排放水平的最后排序，所以在核算时未计入这三个环节。电力碳排放因子选用华北地区的碳排放因子 1.0069t/MWh，柴油碳排放因子取 3.2t/t，炸药碳排放因子为 0.2629t/t。

（1）穿孔环节。

运用基于生产环节的露天煤矿碳排放量核算模型，对露天煤矿不同开采工艺系统的各个环节的碳排放量进行独立核算，对于矿岩准备环节，具体包含穿孔和爆破两个环节，进一步细化穿孔环节的碳排放量核算，公式为 4-1。

$$EF_{ck} = EG_{ck} \cdot EF_d + F_{ck} \cdot EF_{cy} \qquad (4-1)$$

式中：

EG_{ck}——穿孔环节的电力消耗量，单位为 kw；

F_{ck}——穿孔环节的柴油消耗量，单位为 t；

EF_d——电力的碳排放因子；

EF_{cy}——柴油的碳排放因子。

其中：

$$EG_{ck} = \sum_{i=1}^{n} \frac{L_i P_i \alpha_i}{LH_i}, \quad F_{ck} = \sum_{i=1}^{n} \frac{L_i P_i \beta_i}{LH_i}$$

L_i——第 i 种类型设备的年钻进米数，单位为 m；

P_i——第 i 种类型设备的额定功率，单位为 kw；

α_i——第 i 种类型用电设备的有功功率系数；

β_i——第 i 种用油设备的系数，有功功率与电油转换系数之积；

LH_i——第 i 种设备的小时钻进米数，单位为 m。

结合穿孔设备的技术参数，如每种设备的年穿孔米数 L，穿孔机型号及装机功率、小时钻孔米数、有功功率系数和电油转换系数等基本参数，就可计算出穿孔环节的碳排放量。衡量穿孔环节碳排放水平的指标为穿孔设备万米钻孔碳排放量。

（2）采装环节。

采装环节的碳排放集中在主要的采装设备上，现有的大型电铲和液压铲，其功率都非常高，单位时间内的能耗较大，因此形成的碳排放量也较大，按照不同能耗的采掘设备，该环节的碳排放量核算公式如下：

$$EF_{cz} = ED_{cz} \cdot EF_d + F_{cz} \cdot EF_{cy} \qquad (4-2)$$

式中：

ED_{cz}——采装设备的用电量，单位为 kw；

F_{cz}——采装设备的柴油用量，单位为 t；

EF_d，EF_{cy}与公式（4-1）含义相同。

其中：

$$ED_{cz} = \sum_{i=1}^{n} \frac{Q_i P_i \alpha_i}{QH_i}, \quad F_{cz} = \sum_{i=1}^{n} \frac{Q_i P_i \beta_i}{QH_i}$$

Q_i——第 i 种用电设备的年工作量，单位为 m^3；

QH_i——第 i 种用电设备的小时工作能力，单位为 m^3；

P_i，α_i，β_i 与公式（4-1）含义相同。

需要已知的参数包括：每种采装设备的年工作量，采装设备的型号、额定功率、小时工作量、有功功率系数和电油转换系数。衡量采装环节碳排放水平的指标为万立方米采装碳排放量，是指采装环节每一万立方米的采掘工作所引起的碳排放量。

（3）运输环节。

运输环节作为露天开采的重要环节之一，承担了煤、岩的主体运输任务，运输方式种类繁多，露天矿常用的有铁道、卡车和胶带等几种基本运输方式。随着工艺系统的不断更新，铁道运输在我国露天矿已基本被卡车或胶带输送机替代，汽车运输以柴油作为动力来源，胶带输送以电力作为动力来源，其碳排放量核算见公式（4-3）：

$$EF_{ys} = EF_{kc} + EF_{jd} \qquad (4-3)$$

卡车运输的碳排放量为：

$$EF_{kc} = F_{kc} \cdot EF_{cy} \qquad (4-4)$$

卡车的柴油消耗量为：

$$F_{kc} = \sum_{i=1}^{n} \frac{Q_i}{QD_i} \left(\frac{LM}{\overline{v_{zi}}} + \frac{LM}{\overline{v_{ki}}} \right) P_i \beta_i \qquad (4-5)$$

式中：

EF_{kc}——卡车运输的碳排放量，单位为 t；

F_{kc}——卡车的柴油消耗量，单位为 t；

Q_i——卡车年运输量，单位为 t；

QD_i——卡车额定载重量，单位为 t；

LM——运距，单位为 m；

$\overline{v_{zi}}$——第 i 种卡车满载时的平均速度，单位为 m/s；

$\overline{v_{ki}}$——第 i 种型号的卡车空载时的平均速度，单位为 m/s。

结合不同运输方式的运距 LM、满载平均速度 $\overline{v_{zi}}$、空载平均速度 $\overline{v_{ki}}$、单车单次装载能力 QD_i、电油转换系数、卡车额定功率、年运输量等基本数据，便可对运输环节的碳排放量进行核算，并可进行碳减排途径的研究。卡车运输的碳排放指标为卡车单位运输碳排放量。其中，运岩卡车单位碳排放量是指吨公里运岩的碳排放量，运煤卡车单位碳排放量是指吨公里运煤的碳排放量。

胶带输送的碳排放量为：

$$EF_{jd} = \sum_{i=1}^{n} \alpha_i \left(\frac{Q_i P_i}{QH_i} + \frac{D_i L_i P_i}{2 v_i} \right) \qquad (4-6)$$

式中：

L_i——第 i 条胶带输送机长度，单位为 m；

V_i——第 i 条胶带输送机速度，单位为 m/s；

D_i——第 i 条胶带输送机破碎机配套停止次数。

胶带输送碳排放水平的衡量指标为吨煤输送碳排放量。

（4）破碎环节。

对于采用胶带运输的半连续、连续工艺，在胶带的起始端都要设有破碎装置，因此，还需要核算破碎环节造成的碳排放量。衡量破碎环节碳排放水平的指标为万吨煤破碎碳排放量，即每破碎一万吨原煤引起的碳排放量。

其公式为：

$$EF_{ps} = \sum_{i=1}^{n} \frac{Q_i P_i \alpha_i}{QH_i} \qquad (4-7)$$

由于在设计时，胶带的输送能力要保证不小于破碎站的破碎能力，因此结合破碎站功率、煤炭年产量、破碎站小时破碎能力等基本参数便可进行破碎环节的碳排放计算。

胶带的运输能力要大于等于破碎站的破碎能力，保证破碎站功效的充分发挥，因此，胶带高负荷运输时间应按破碎站的破碎时间计算，即公式（4-6）和公式（4-7）中的时间 $Q_i P_i / QH_i$ 相等。破碎站停止运转之后，胶带输送机还存在一个短时间的低负荷运转，即把胶带上残留的煤块运送到煤仓，这一部分的时间为胶带机长度 L_j 除以运转速度 v，功率按照额定功率的一半计算。

另外，对于爆破环节炸药的碳排放水平的衡量指标为单位爆破碳排放量，是指每单位原煤或岩石爆破过程中使用炸药所引起的碳排放量。

建立了露天开采工艺环节的碳排放量核算方法，进而结合实例进行逐个环节的核算，本次核算基于以下的参数假设：

假设煤爆破量＝煤产量，岩爆破量＝岩剥离量，采装工作量＝煤产量＋岩剥离量，运输量＝煤产量＋岩剥离量，破碎量＝煤产量＝胶带运输量，且假设每个环节仅使用一种型号的设备。

（1）穿孔环节。

穿孔环节选用目前大型露天煤矿使用最普遍的钻机类型牙轮钻机，耗能为电力。结合大型露天煤矿中牙轮钻机的使用情况，选取牙轮钻机效率高而穿孔成本低的国产孔径 Φ250mm 牙轮钻机，参考型号为 KY－310，主要技术参数见表 4－15。

表 4－15　牙轮钻机主要技术参数表

主要参数	单　位	型号 KY－310
钻孔直径	mm	250
钻孔深度	m	17.5
钻孔方向	度	90
推进速度	m/min	0.9
钻具转速	r/min	0－100
提升速度	m/min	0－11.85－20
孔底推进轴压	kN	0－12
钻杆直径	mm	219，273
钻杆数量	根	2
钻杆长度	m	9.4
风压	Mpa	0.35
电机总功率	kW	388.3
其中回转电机	kW	54
推压电机	kW	7.5
提升行走电机	kW	54
油泵电机	kW	22
除尘电机	kW	13
主空压机	kW	225
钻机重量	t	118.5
平均小时进米	m	56.4

该型号的钻机，每年完成岩石进尺 170 万 m，煤进尺 28 万 m 的工作量，有功功率系数按 0.7 计算，则穿孔环节的碳排放量为：

$$EF_{ck} = \frac{(170+28) \times 10^4 \times 388.3 \times 0.7}{56.4 \times 1000} \times 1.0069 = 9608.11t$$

则钻孔环节的万米钻孔碳排放量为 48.53t/万 m。

（2）采装环节。

露天采矿设备自 20 世纪 80 年代以来不断向大型化发展，主要电铲厂家的主打产品已由 20~30m³ 斗容的电铲 BE395、P&H2800 转变为 40~60m³ 斗容的 BE495、595、P&H4100 等。国产电铲厂家最近也开始提供 35m³ 甚至是 55m³ 斗容的产品。

露天矿采、装、运工艺设备效率的充分发挥需要各个工艺环节中设备之间的相互适应，同时，采、装、运设备要与确定的开采参数相适应，做到生产设备的合理匹配、生产设备与开采参数合理配合。因此，本矿单斗挖掘机的选型要与穿孔环节匹配。综合各种条件，选取单斗挖掘机，采用 P&H2800XPB，参数见表 4-16。

表 4-16　P&H2800XPB 电铲技术参数

序号	项目	单位	P&H2800XPB
1	标准斗容	m³	35.2
2	回转角度	°	90
3	斗容范围	m³	25.2~53.5
4	最大挖掘高度	m	16.15
5	最大卸载半径时卸载高度	m	9.45
6	装机功率（kVA/kW）	kVA	2000
7	工作重量	t	1017
8	其中，配重	t	227
9	每立方米标准斗容平均设备重量	t/m³	28.9
10	每立方米标准斗容平均功率	kVA/m³	71.02

挖掘机的小时生产能力为：

$$QH = VK_m \frac{3600\eta_1\eta_2}{T_d K_s} \tag{4-8}$$

式中：

QH——挖掘机小时生产能力，单位为 m³；

V——铲斗容积，单位为 m³；

K_m——满斗系数；

η_1——时间利用系数；

η_2——综合影响系数；

T_d——挖掘工作一次作业循环时间，单位为 s；

K_s——矿岩松散系数。

当 $V = 35.2\text{m}^3$，$K_m = 0.8$，$\eta_1 = 0.73$，$\eta_2 = 0.70$，$T_d = 32$，$K_s = 1.3$ 时，根据公式（4-8）及各个参数的取值，计算得到 P&H2800XPB 的年剥采能力为 9250 万 m^3。结合采装环节的碳排放量计算公式，得到单斗挖掘机的碳排放量为：

$F_{cz} = 65855.33\text{t}$

采装环节 P&H2800XPB 电铲的万 m^3 采装碳排放量为 7.12t/万 m^3。

（3）卡车运输。

卡车运输分为岩石运输和煤运输，卡车运输与运距有很大的关系，因此需要计算不同工艺下不同运距对应的碳排放量。五种工艺对应的运距及卡车的运量见表 4-17。

表 4-17   五种开采工艺的卡车运距及运量

剥离工艺	采煤工艺	岩运距 （km）	煤运距 （km）	岩运量 （万 m^3）	煤运量 （万 t）
单斗—卡车 间断工艺	半连续（地面破碎）	2.5	3	8000	2000
	间断	2.5	6	8000	2000
	半连续（端帮破碎）	2.5	2	8000	2000
	半连续（坑底破碎）	2.5	0	8000	
	半连续（一半地面破碎，一半坑底破碎）	2.5	3	8000	1000

由于岩石运量比煤运量大很多，因此在选用卡车时分成两种型号，运岩卡车选用特雷克斯 MT4400AC，运煤卡车选用小松 930E-3。卡车基本参数见表 4-18。

表 4-18   MT4400AC 和小松 930E-3 技术参数

系数指标/单位	特雷克斯 MT4400AC		小松 930E-3	
2:1SAE 堆装/m^3	144		211	
空车重量/t	171		212	
额定载重/t	236		291	
最大运行重量/t	392.3		502	
载荷分布/%	前轴	后轴	前轴	后轴
（空车）	49.6%	50.4%	47%	53%

系数指标/单位	特雷克斯 MT4400AC	小松 930E-3
重载	33% 67%	33% 67%
最大行走速度/（km/h）	64	64.5
发动机型号	QSK60-Single Stage	小松 SSDA 16V160
额定功率/Kw/hp	1716/2288	2014/2700
燃油箱容积/L	3028	4542
液压油箱/L	908	1325

电油转换系数取经验数据 0.206kg/kWh，则计算卡车运岩和卡车运煤的柴油消耗量、碳排放量和单位碳排放量见表 4-19。

表 4-19 不同工艺的卡车运输能源消耗及碳排放量

剥离工艺	采煤工艺	运岩卡车柴油	运煤卡车柴油	运岩卡车碳排放量	运煤卡车碳排放量	运岩卡车单位碳排放量	运煤卡车单位碳排放量
单位		t	t	t	t	10^{-4} t/ m³·km	10^{-4} t/ t·km
单斗卡车间断工艺	间断	33266.76	6815.28	106453.63	21808.91	2.66	3.63
	半连续（地面破碎）	33266.76	4718.27	106453.63	15098.47	2.66	1.26
	半连续（端帮破碎）	33266.76	4019.27	106453.63	12861.66	2.66	3.22
	半连续（坑底破碎）	33266.76		106453.63		2.66	
	半连续（一半地面破碎，一半坑底破碎）	33266.76	2359.14	106453.63	7549.237	2.66	2.52

（4）破碎环节。

破碎站的处理能力为 3500t/h，额定功率为 1000kWh，则破碎环节的电力消耗量为 4000MWh，碳排放量为 4027.6t，万吨煤破碎碳排放量为 2.01t/万 t。

（5）胶带输送机运输。

胶带输送机的处理能力也按照 3500t/h，额定功率为 2850kwh，$v=4.5$m/s。假设额定功率不随胶带输送机长度的加长而变大，则不同工艺对应的运距、碳排放量和吨煤碳排放量见表 4-20。

表 4-20　不同工艺的胶带输送机运距和碳排放量

剥离工艺	采煤工艺	运距（km）	运量（万t）	用电量（MWh）	碳排放量（t）	吨煤碳排放量（10^{-4} t/t）
单斗卡车间断工艺	间断	—	—	—	—	—
	半连续（地面破碎）	5	1000	5751.73	5791.41	5.7914
	半连续（端帮破碎）	5.5	2000	11513.79	11593.23	5.7966
	半连续（坑底破碎）	6	2000	11524.14	11603.65	5.8018
	半连续（一半地面破碎，一半坑底破碎）	5/6	1000/1000	11513.79	11593.23	5.7966

除以上四个主要的工艺环节产生的碳排放量以外，还有因炸药爆破引起的碳排放量。以露天矿常用的硝铵炸药为例，岩石爆破单耗为 $0.45 kg/m^3$，煤爆破单耗为 $0.274 kg/m^3$，则每年因炸药爆破引起的碳排放量为 39425t，则岩石和煤的单位爆破碳排放量分别为 11.83×10^{-5} t/m³ 和 7.20×10^{-5} t/m³。炸药爆破造成的碳排放量不容忽视。

随着矿山工程的不断推进，煤层被不断揭露，赋存在煤层附近或者吸附在煤层空隙内部的瓦斯不断逸散，形成了一部分的碳排放。按照常规的煤层瓦斯含量，在露天矿一年的推进范围内，会出现的瓦斯逸散为 720.25t，虽然总量不大，但是瓦斯主要成分 CH_4 的温室效应远高于 CO_2，因此，对于这一部分的逸散也要准确核算，以保证露天矿整体开采工艺碳排放量的准确性和完整性，如果能将这部逸散的瓦斯高效收集，不仅可以有效降低碳排放量，还可以提高资源的回收率。

将露天开采主要工艺环节的碳排放量汇总得到表 4-21。岩石工艺为间断工艺，采煤工艺分别为间断工艺和四种不同形式的半连续工艺。间断工艺特指单斗—卡车工艺。在相同剥离量和采煤量的前提下进行核算，通过碳排放总量进行比较，可以得到五种不同工艺系统的碳排放水平由高到低为：

间断/半连续（坑底自移式）＞间断/间断＞间断/半连续（半坑底自移式、半地面破碎）＞间断/半连续（端帮半固定破碎）＞间断/半连续（地面破碎）。该结论与常规结果不太相符，我国一直在推广半连续工艺，并在满足半连续工艺使用条件的基础上提倡以电代油，用半连续工艺替代间断工艺，而结果显示除间断/半连续（坑底自移式）的碳排放水平优于间断/间断工艺，其余间断/半连续工艺的碳排放水平均劣于间断/间断工艺。这是因为传统观点电力是清洁能源，而露天煤矿碳排放量核算过程中是包含电力这个间接碳排放源的，因此出现了和传统观点不一致的结果。那么按照传统观点，不计入间接碳排放源电力引起的碳排放量，则按照表 4-21 中首行的排序各个工艺系统的碳排放量分别为：168407.79t、161697.35t、159460.54t、146598.88t、154148.12t，此时的碳排放水平由高到底的结论则为：间断/半连续（坑底自移式）>间断/半连续（半坑底自移式、半地面破碎）>间断/半连续（端帮半固定破碎）>间断/半连续（地面破碎）>间断/间断，与传统观念相符。

该方法得到的结论为：当剥离工艺为单斗—卡车工艺时，采煤工艺的碳排放水平从优到劣顺序为坑底自移半连续工艺优于单斗—卡车间断工艺优于半坑底自移半地面破碎半连续工艺优于端帮半固定破碎半连续工艺优于地面破碎半连续工艺。与 4.1 节中通过四个露天煤矿的实例研究得出的结论相一致，进一步证明了 4.1 节中的结论：当剥离为单斗—卡车间断工艺时，采煤工艺中坑底自移破碎半连续工艺优于端帮破碎半连续工艺优于地面破碎半连续工艺。

通过对表 4-21 的数据按照基于生产环节的露天煤矿碳排放量核算模型进一步汇总可得表 4-22。由此可知，在排土、辅助、自燃三个碳排放源碳排放量缺失的情况下，碳排放源排位第一的是运输环节，约占 50%；第二的是采装环节，约占 27%；排位第三的爆破环节，约占 16%；排位为第四的为穿孔环节，约为 4%；若有破碎环节，则排位第五，所占比例约为 2%；第六位为逸散，不到 1%。根据二八原则，约 80% 的碳排放量来自于运输环节和采装环节，因此，露天煤矿的碳排放量主要集中在运输与采装环节，它们对于碳排放水平的高低有很重要的影响力。

表 4-21 露天开采工艺环节碳排放量汇总表

项目	单位	间断/间断	间断/半连续（地面破碎）	间断/半连续（端帮半固定破碎）	间断/半连续（坑底自移式）	间断/半连续（半坑底自移式，半地面破碎）
牙轮钻机用电	Mwh	9542.27	9542.27	9542.27	9542.27	9542.27
剥采量	万 m³	9250.00	9250.00	9250.00	9250.00	9250.00
单斗挖掘机用电	Mwh	65404.04	65404.04	65404.04	65404.04	65404.04
卡车运岩耗柴油	t	33266.76	33266.76	33266.76	33266.76	33266.76
卡车运煤耗柴油	t	6815.28	4718.27	4019.27		2359.14
破碎机用电	Mwh		4000.00	4000.00	4000.00	4000.00
胶带输送机用电	Mwh		11503.44	11513.79	11524.13	11513.79
牙轮钻机碳排放量	t	9608.11	9608.11	9608.11	9608.11	9608.11

续表

项目	单位	间断/间断	间断/半连续（地面破碎）	间断/半连续（端帮半固定破碎）	间断/半连续（坑底自移式）	间断/半连续（半坑底自移式，半地面破碎）
炸药碳排放量	t	39425.00	39425.00	39425.00	39425.00	39425.00
单斗挖掘机碳排放量	t	65855.33	65855.33	65855.33	65855.33	65855.33
运岩卡车碳排放量	t	106453.63	106453.63	106453.63	106453.63	106453.63
运煤卡车碳排放量	t	21808.91	15098.47	12861.66		7549.24
破碎机碳排放量	t		4027.60	4027.60	4027.60	4027.60
胶带输送机碳排放量	t		11582.82	11593.23	11603.65	11593.23
逸散碳排放量	t	720.25	720.25	720.25	720.25	720.25
碳排放总量	t	243871.23	252771.21	250544.81	237693.57	245232.39
吨煤碳排放量	10^4t/t	121.94	126.39	125.27	118.85	122.62
单位剥采碳排放量	10^4t/m³	26.36	27.33	27.09	25.70	26.51

表 4-22 不同工艺的碳排放量及比例核算

生产环节	单位	间断/间断	间断/半连续（地面破碎）	间断/半连续（端帮半固定破碎）	间断/半连续（坑底自移式）	间断/半连续（一半坑底自移式，一半地面破碎）
穿孔	t	9608.11	9608.11	9608.11	9608.11	9608.11
爆破	t	39425	39425	39425	39425	39425
采装	t	65855.33	65855.33	65855.33	65855.33	65855.33
破碎	t		4027.6	4027.6	4027.6	4027.6
运输	t	128262.54	133134.92	130908.52	118057.28	125596.1
逸散	t	720.25	720.25	720.25	720.25	720.25
总碳排放量	t	243871.23	252771.21	250544.81	237693.57	245232.39
穿孔比例	%	3.94	3.80	3.83	4.04	3.92
爆破比例	%	16.17	15.60	15.74	16.59	16.08
采装比例	%	27.00	26.05	26.28	27.71	26.85
破碎比例	%		1.59	1.61	1.69	1.64
运输比例	%	52.59	52.67	52.25	49.67	51.22
逸散比例	%	0.30	0.28	0.29	0.30	0.29

4.4　本章小结

　　本章以露天煤矿碳排放量初步核算模型为基础，对安家岭、伊敏河、黑岱沟、布沼坝四个露天煤矿的碳排放量进行了核算，从纵向和横向的角度对四个露天煤矿所代表的六种工艺的碳排放水平进行比较，得到了以下结论：当剥离工艺为单斗—卡车工艺时，坑底自移破碎半连续工艺优于端帮破碎半连续工艺优于地面破碎半连续工艺，并且当坑底自移破碎和地面破碎半连续工艺结合时有可能优于端帮破碎半连续工艺；同种开采工艺系统随着剥采量和采煤量的增加，单位碳排放量呈下降的趋势。基于生产环节的露天煤矿碳排放量核算模型，对同一露天煤矿不同生产工艺系统进行对比研究，得到优劣排序为：单斗—卡车/半连续（坑底自移式）、单斗—卡车/单斗—卡车、单斗—卡车/半连续（半坑底自移式、半地面破碎）、单斗—卡车/半连续（端帮半固定自移式）、单斗—卡车/半连续（地面破碎），与实例结论相符。并且得到露天煤矿碳排放量的主要来源为运输和采装，约占总量的80%。

5　基于时效性的露天煤矿碳排放量核算初步研究

在第 3 章和第 4 章的碳排放量核算中，甲烷和氧化亚氮的 GWP（全球增温潜势）值采用了 2007 年的 IPCC 第四次评估报告中温室效应按照 100 年分摊的值，分别为 25 和 298，进行了露天煤矿碳排放量的核算研究。然而近期的研究认为，甲烷在大气中只停留 10 年就很难侦测到，到 20 年后更是几乎消失。因此认为将甲烷的温室效应按照 100 年进行计算，极大地低估了甲烷的影响。对此相关专家提出将 20 年作为新标准进行计算，则甲烷的温室效应比二氧化碳强 72 倍。对此可以通过设备折旧的例子进行理解。相当于购买设备以后，设备使用 10 年后报废，而会计账目将其折旧按 100 年计提，账目中在该设备已报废后的 90 年仍然在计提折旧费，显然是不太合理的。以 20 年为准进行碳排放量的核算是有一定道理的。单位温室气体的温室效应年限不同，对应的 GWP 不同，进而会对露天煤矿的碳排放量发生作用。以 IPCC 评估报告中给定的不同年限时不同温室气体的 GWP 值为基础，研究温室效应年限不同对露天煤矿碳排放总量的影响。另外，本章尝试将时效性引入对露天煤矿 n 年碳排放量的核算研究中。第 4 章在分析露天煤矿整体碳排放水平的过程中，对 n 年碳排放总量采用了简单相加的算法，未能体现时间的影响，本章尝试将时间维度引入 n 年露天煤矿碳排放量核算，考虑随着时间的变化温室效应发生变化，而非一次将 n 年的温室效应计入其中。

5.1　温室效应年限不同时的露天煤矿碳排放量核算

为了更好地理解温室气体的时效性，需对 GWP 值进行更深层次的研究。GWP 的定义表明 GWP 值是一个相对值，在一段时间内单位质量的某温室气体的温室效应与同单位同时间内的二氧化碳温室效应的比值。GWP 的定义可通过公式（5 – 1）表示：1kg 第 i 种温室气体在 TH 时间段内的温室效应相对于

1kg 参考气体 CO_2 同等时间内的温室效应的比值。

$$GWP_i = \frac{\int_0^{TH} RF_i(t)\,dt}{\int_0^{TH} RF_r(t)\,dt} = \frac{AGWP_i}{AGWP_r} \tag{5-1}$$

TH 表示时间长度，时间长度的选择可以有多种，它取决于使用者所关注的对象。假如关注的是短期影响，则选择较短的时间长度，如关注的是长期影响，则选择较长的时间长度，如 IPCC 报告中选取了 $TH = 20$、100 和 500 核算了 CH_4 和 N_2O 的 GWP 值，参考气体 CO_2 在不同时间段内的温室效应均设定为 1；

$RF_i(t)$ 表示第 i 种温室气体随着时间 t 的变化对应的温室效应的函数；

GWP_i 表示第 i 种温室气体在 TH 时间段内温室效应累积相对于参考气体同样时间段内温室效应累积的比值，如当 $TH = 20$ 年时，单位质量的 CH_4 在 20 年累积的温室效应是同样条件下 CO_2 的 72 倍；

$AGWP_i$ 为第 i 种气体的绝对全球增温潜势，也就是 20 年第 i 种气体的温室效应累积值；$AGWP_r$ 表示参考气体 CO_2 的绝对增温潜势，即 20 年 CO_2 气体的温室效应累积值。

在 IPCC 报告中提到了三个时间长度，20 年、100 年和 500 年。以这三个时间长度为例，以 CO_2、CH_4、N_2O 三种温室气体为对象研究不同温室气体累积时间对露天煤矿碳排放量核算的影响。

对于露天煤矿的碳排放量核算，不同温室效应累积年限的影响主要体现在对 CH_4 和 N_2O 两种温室气体的影响。露天煤矿的两个碳排放源燃料和逸散与这两种温室气体相关。由于 GWP 值的不同，燃料和逸散的碳排放因子发生变化，最终影响露天煤矿的总碳排放量。汽油、柴油和逸散的碳排放因子由于 CH_4 和 N_2O 的 GWP 值的变化而变化。温室效应累积年限不同时温室气体的 GWP 值见表 5-1。[90] 在第 3 章中为方便计算，对汽油、柴油的碳排放因子采用了三种温室气体打包核算总碳排放因子的方法。由于需要考虑温室效应累积年限不同时的碳排放因子，因此需要重新计算碳排放因子。由表 5-1 可知，温室效应累积年限不同对甲烷和氧化亚氮的 GWP 值影响较大。

表 5 – 1　TH 值不同时温室气体的 GWP 值表

温室气体	化学式	存留期（年）	不同分摊年限的 GWP 值		
			20 年	100 年	500 年
二氧化碳	CO_2	50～200	1	1	1
甲烷	CH_4	12	72	25	7.6
氧化亚氮	N_2O	114	289	298	153

仍采用第 3 章中碳排放因子的计算方法，根据表 3 – 3 和表 5 – 1 重新核算部分燃料的总碳排放因子见表 5 – 2。为了更好地区分不同 TH 时的总碳排放因子，为其取 4 位小数。

表 5 – 2　当 TH 不同时燃料燃烧的总碳排放因子　　　　单位：t/t

燃料类型	不同 TH 时的总碳排放因子		
	20 年	100 年	500 年
车用汽油	3.0873	3.0812	3.0751
煤油	3.1671	3.1611	3.1550
汽油/柴油	3.2067	3.2009	3.1949
残留燃料油	3.1457	3.1403	3.1346
无烟煤	2.6335	2.6326	2.6263
炼焦煤	2.6843	2.6833	2.6767
褐煤	1.2060	1.2056	1.2028
天然气	2.6948	2.6926	2.6911
生物汽油	1.9205	1.9169	1.9131
生物柴油	1.9205	1.9169	1.9131

从表 5 – 2 可知，当温室效应累积年限（TH）不同时，燃料燃烧的总碳排放因子随着 TH 值的增大而减小。因此，按照 20 年计算比 100 年和 500 年计算的燃料碳排放源引起的碳排放量将会变大。

同样，当温室效应累积年限不同时，露天煤矿的逸散碳排放因子发生变化，见表 5 – 3。

表 5 – 3　当 TH 不同时露天煤矿逸散碳排放因子

逸散碳排放因子	单位	不同分摊年限的逸散碳排放因子		
		20 年	100 年	500 年
开采中	10^{-6} t/t	79.5960	27.6375	8.4018
开采后	10^{-6} t/t	0.0241	8.3750	2.5460

为了进一步分析 TH 对露天煤矿碳排放总量的影响程度，以安家岭露天煤矿 2010 年为例，按不同 TH 核算其碳排放总量，结果见表 5-4。

表 5-4　按不同 TH 核算 2010 年安家岭露天煤矿的碳排放量

项　　目	单位	20 年	100 年	500 年
原煤产量	万 t	2303.99	2303.99	2303.99
柴油消耗量	t	64119.98	64119.98	64119.98
电力消耗量	MWh	64663.61	64663.61	64663.61
炸药消耗量	t	46013.99	46013.99	46013.99
柴油碳排放量	t	205613.54	205241.64	204856.92
电力碳排放量	t	65109.79	65109.79	65109.79
炸药碳排放量	t	12097.08	12097.08	12097.08
逸散碳排放量	t	1834.44	829.72	252.24
碳排放总量	t	284654.85	283278.24	282316.03
柴油碳排放比例	%	72.23	72.45	72.56
电力碳排放比例	%	22.87	22.98	23.06
炸药碳排放比例	%	4.25	4.27	4.28
逸散碳排放比例	%	0.64	0.29	0.09
吨煤碳排放量	10^{-4} t/t	123.55	122.95	122.53
剥采总量	万 m^3	10522.67	10522.67	10522.67
单位剥采碳排放量	10^{-4} t/m^3	27.05	26.92	26.83

由表 5-4 可知，温室效应累积期越长，计算得到的露天煤矿碳排放量越小。碳排放总量、吨煤碳排放量和单位剥采碳排放量这三个指标均呈现出递减的特点。以安家岭 2010 年碳排放总量为例，当温室效应累积期为 20 年时，碳排放总量为 284654.85t，累积期为 100 年和 500 年时，比 20 年分别下降 1376.61t 和 2338.82t，下降比例分别为 0.48% 和 0.83%。由此也可以看出温室效应累积期的变化对露天煤矿的碳排放总量影响较弱，降低比例控制在 1% 以内。从表 5-2 和表 5-3 可以看出，燃料的碳排放因子变化不大，逸散的碳排放因子虽然差距较大，但是由于本身的数量级很小，即使增加十倍，对最终的碳排放量影响也不大。但是值得注意的是，在本实例中露天煤矿 CH_4 的排放量很小，且并非主要的碳排放来源，但是 CH_4 排放量是通过估算计入的，与实际排放值有差距，若估算误差较大时，可能露天煤矿的 CH_4 排放量会很大，TH 变化对其的影响力将会增强。

从整个国家的层面，累积期不同对碳排放总量的影响很大。同样对于地下开采煤矿，CH_4 是其主要的碳排放源，累积期不同预计碳排放量将会有很大的增长，因此对于累积期这个因素还是应该给予相当程度的重视。

5.2　基于时效性的露天煤矿 *n* 年碳排放量核算研究

结合温室气体的存留期，进一步研究时间因素对露天煤矿 *n* 年碳排放量核算的影响。从将温室气体排入大气到其被分解或在海洋—生物圈—陆地表面和大气系统中达到平衡，最终使大气中这种温室气体的浓度为零或保持为一个固定值，需要相当长的时间，这个时间叫作该温室气体的存留时间，也称为存留期。[95] CO_2、CH_4、N_2O 的存留期见表 5 - 1。分别以 20 年、100 年和 500 年为例，研究时效性在露天煤矿 *n* 年碳排放量核算中的作用。

5.2.1　当温室效应累积年限不同时温室气体 GWP 值的规律研究

当 *TH* 为 20 年、100 年和 500 年时，设 $AGWP_{CH_4}$ 的值分别为 A_{20}、A_{100}、A_{500}，$AGWP_{CO_2}$ 的值为 B_{20}、B_{100}、B_{500}，$AGWP_{N_2O}$ 分别设定为 C_{20}、C_{100}、C_{500}。

由于 CH_4 的存留期为 12 年，因此 $A_{20} = A_{100} = A_{500} = A$，$N_2O$ 的存留期为 114 年，满足 $C_{20} < C_{100} < C_{500}$。由于 CO_2 的存留期为 50 ~ 200 年，以 100 年作为分界点分成两种情况讨论 $AGWP_{CO_2}$ 的值。

（1）当 CO_2 的存留期位于 [50，100] 年时，当 *TH* = 100 年时 CO_2 的温室效应已累积完成，则 $B_{100} = B_{500} > B_{20}$。根据表 5 - 1 中的 *GWP* 值，可知：

当 *TH* = 20 年时，$GWP_{CH_4} = A/B_{20} = 72$；

当 *TH* = 100 年时，$GWP_{CH_4} = A/B_{100} = 25$；

当 *TH* = 500 年时，$GWP_{CH_4} = A/B_{500} = 7.6$。

显然后两个等式是不成立的。因此 CO_2 的存留期大于 100 年时，才有可能使等式成立。

（2）当 CO_2 的存留期为（100，200] 时，则 $AGWP_{CO_2}$ 的值发生变化，满足 $B_{500} > B_{100} > B_{20}$，使（1）中的等式可以成立，因此将二氧化碳存留期设定为（100，200]。

在此前提下进一步分析 GWP_{N_2O} 的取值。由于 *B* 与 *C* 的值随着时间的累积温室效应均变大，所以不存在类似于二氧化碳和甲烷之间随时间变长 GWP_{CH_4} 变小的规律，根据表 5 - 1 数据可知：

当 *TH* = 20 年时，$GWP_{N_2O} = C_{20}/B_{20} = 289$；

当 $TH=100$ 年时，$GWP_{N_2O}=C_{100}/B_{100}=298$；

当 $TH=500$ 年时，$GWP_{N_2O}=C_{500}/B_{500}=153$。

5.2.2　温室效应累积年限不同露天煤矿 n 年碳排放量时效核算

第4章中对于碳排放量的核算并未考虑时间因素，而是根据温室效应累积年限选择每种温室气体对应的 GWP 值，一次将累积温室效应计入其中。换言之，假设累积年限为20年，在核算时直接将温室气体在这20年间的总温室效应一次计入，未考虑在实际情况中，温室效应是随着时间的推移的一个累积过程。本节主要讨论将温室效应分摊到存留期内各年，将其分期计入的核算方式。

公式（5-1）中的 $RF_i(t)$ 函数并未给定具体函数，只能判断该函数属于连续函数，为了便于分析，将其进行离散处理，假定温室气体的消散按照存留期逐年平均消散。在此假设前提下进行露天煤矿 n 年碳排放量的核算。假定温室气体在存留期内按照1/存留期的速度被平均吸收，某单位温室气体的年累积温室效应为一定值。

由于 CO_2 存留期在5.2.1节中通过分析定在大于100年，假定 CO_2 存留期为 [101，200] 年，进行后续核算分析，在分析时采用极值计算的方法，分别取101和200进行核算。

（1）当 $TH=20$ 年时，三种温室气体基于时效性的碳排放量核算。

本研究的时效性是指将 CH_4 72倍的温室效应根据存留期分摊计算，而非一次计入。假定单位 CH_4 一年的温室效应为定值 a_{20}，单位 CO_2 一年的温室效应为 b_{20}，单位 N_2O 一年的温室效应为 c_{20}，单位 CO_2 20年的温室效应值为1，需要注意的是"1"表示一种相对值，如单位二氧化碳100年的温室效应仍假设为1，但是它们并不等值，此1非彼1。根据假设可得到等式（5-2）、（5-3）、（5-4）和（5-5）：

$$a_{20}\left(\frac{12}{12}+\frac{11}{12}+\cdots+\frac{1}{12}\right)=72 \tag{5-2}$$

$$b_{101_{20}}\left(\frac{101}{101}+\frac{100}{101}+\cdots+\frac{82}{101}\right)=1 \tag{5-3}$$

$$b_{200_{20}}\left(\frac{200}{200}+\frac{199}{200}+\cdots+\frac{181}{200}\right)=1 \tag{5-4}$$

$$c_{20}\left(\frac{114}{114}+\frac{113}{114}+\cdots+\frac{95}{114}\right)=289 \tag{5-5}$$

根据等式可得到 $a_{20} = 11.0769$，$b_{101_{20}} = 0.0552$，$b_{200_{20}} = 0.0525$，$c_{20} = 15.7636$。

则当露天煤矿的计算时段 $n \leq 12$ 年，n 年内 CH_4 的释放量转换到第 n 年的碳排放总量可用公式（5−6）计算，此公式仅用于核算已发生的碳排放量，而非未来的碳排放量，比如将 2001—2009 年的甲烷的碳排放量均折算到 2010年当年。

$$E_{CH_4} = a_{20} \sum_{i=1}^{n} E_i \cdot \left[(n-i+1) - \frac{(n-i+1)(n-i)}{24} \right] \quad (5-6)$$

以核算 2001—2010 年某露天煤矿甲烷的碳排放量为例解释公式中的字母含义将更易于理解。E_{CH_4} 表示 10 年中某露天煤矿每年的 CH_4 排放量在考虑时效性后折算到第 10 年的碳排放总量。E_i 表示第 i 年的 CH_4 排放量。n 表示一共 10 年。方括号内的部分可以这样理解，如果是 2003 年的 CH_4 排放要折算到 2010 年的碳排放量可通过 $a_{20} E_3 \cdot \left(\frac{12}{12} + \frac{11}{12} + \cdots + \frac{5}{12} \right)$ 计算，通过等差计算以后得到公式（5−6）的方括号中形式。该方式有一个假设前提，CH_4 的吸收分成 12 年，每年吸收 1/12，直至第 12 年全部被吸收，N_2O 和 CO_2 也是根据存留期每年吸收 1/存留期。

当 $n > 12$ 年时，采用公式（5−7）进行计算：

$$E_{CH_4} = 72 \sum_{i=1}^{n-11} E_i + a_{20} \sum_{i=1}^{11} E_{i+n-11} \cdot \left[(12-i) - \frac{(12-i)(11-i)}{24} \right] \quad (5-7)$$

该核算由两部分组成，由于 $n > 12$ 年，假设 18 年，则第 1 年到第 7 年的温室效应直接采用 72 倍即可。从第 8 年开始进行计算，从 1 开始计项，计算 11 项即可。

同理，$TH = 20$ 年时 CO_2 的释放量转换为核算当年的碳排放量也可以采用相似方法进行计算，见公式（5−8）到（5−11）。

当 $n \leq 20$ 年时：

$$E_{CO_2} = b_{101_{20}} \sum_{i=1}^{n} E_i \cdot \left[(n-i+1) - \frac{(n-i+1)(n-i)}{202} \right] \quad (5-8)$$

或 $$E_{CO_2} = b_{20_{200}} \sum_{i=1}^{n} E_i \cdot \left[(n-i+1) - \frac{(n-i+1)(n-i)}{400} \right] \quad (5-9)$$

当 $n > 20$ 年时，

$$E_{CO_2} = \sum_{i=1}^{n-19} E_i + b_{20_{101}} \sum_{i=1}^{19} E_{i+n-11} \cdot \left[(20-i) - \frac{(20-i)(19-i)}{202} \right] \quad (5-10)$$

或 $$E_{CO_2} = \sum_{i=1}^{n-19} E_i + b_{20_{200}} \sum_{i=1}^{19} E_{i+n-11} \cdot \left[(20-i) - \frac{(20-i)(19-i)}{400} \right] \quad (5-11)$$

$TH = 20$ 年时 N_2O 的释放量转换为核算当年的碳排放量计算，见公式（5-12）和（5-13）。

当 $n \leqslant 20$ 年时：

$$E_{N_2O} = c_{20} \sum_{i=1}^{n} E_i \cdot \left[(n - i + 1) - \frac{(n - i + 1)(n - i)}{228} \right] \quad (5-12)$$

当 $n > 20$ 年时：

$$E_{N_2O} = 289 \sum_{i=1}^{n-19} E_i + c_{20} \sum_{i=1}^{19} E_{i+n-19} \cdot \left[(20 - i) - \frac{(20 - i)(19 - i)}{228} \right] \quad (5-13)$$

（2）当 $TH = 100$ 年时，三种温室气体基于时效性的碳排放量核算。

当 $TH = 100$ 年时，仍然假设单位 CO_2 100 年的温室效应值为 1。运用公式（5-2）到（5-4）的思想可以计算得到 $a_{100} = 3.8462$，$b_{100} = [0.0133_{200}$，$0.0196_{101}]$，$c_{100} = 5.2670$。

对应的当 $TH = 100$ 年时，则当露天煤矿的计算时段 $n \leqslant 12$ 年，n 年内甲烷的释放量转换到所核算当年的碳排放量可用公式（5-14）计算：

$$E_{CH_4} = a_{100} \sum_{i=1}^{n} E_i \cdot \left[(n - i + 1) - \frac{(n - i + 1)(n - i)}{24} \right] \quad (5-14)$$

当 $n > 12$ 年时，采用公式（5-15）进行计算：

$$E_{CH_4} = 25 \sum_{i=1}^{n-11} E_i + a_{100} \sum_{i=1}^{11} E_{i+n-11} \cdot \left[(12 - i) - \frac{(12 - i)(11 - i)}{24} \right] \quad (5-15)$$

当露天煤矿的计算时段 $n \leqslant 100$ 年，n 年内 CO_2 释放量转换到所核算当年的碳排放量可用公式（5-16）、（5-17）计算：

$$E_{CO_2} = b_{100_{101}} \sum_{i=1}^{n} E_i \cdot \left[(n - i + 1) - \frac{(n - i + 1)(n - i)}{202} \right] \quad (5-16)$$

$$E_{CO_2} = b_{100_{200}} \sum_{i=1}^{n} E_i \cdot \left[(n - i + 1) - \frac{(n - i + 1)(n - i)}{400} \right] \quad (5-17)$$

当 $n > 100$ 年时，采用公式（5-18）、（5-19）进行计算：

$$E_{CO_2} = \sum_{i=1}^{n-99} E_i + b_{100_{101}} \sum_{i=1}^{99} E_{i+n-19} \cdot \left[(100 - i) - \frac{(100 - i)(99 - i)}{202} \right] \quad (5-18)$$

$$E_{CO_2} = \sum_{i=1}^{n-99} E_i + b_{100_{200}} \sum_{i=1}^{99} E_{i+n-19} \cdot \left[(100 - i) - \frac{(100 - i)(99 - i)}{400} \right] \quad (5-19)$$

n 年内 N_2O 的释放量转换到所核算当年的碳排放量可用公式（5-20）和（5-21）计算。

当 $n \leqslant 100$ 年时：

$$E_{N_2O} = c_{100} \sum_{i=1}^{n} E_i \cdot \left[(n - i + 1) - \frac{(n - i + 1)(n - i)}{228} \right] \quad (5-20)$$

当 $n > 100$ 年时：

$$E_{N_2O} = 298 \sum_{i=1}^{n-99} E_i + c_{100} \sum_{i=1}^{99} E_{i+n-99} \cdot \left[(100-i) - \frac{(100-i)(99-i)}{228} \right] \quad (5-21)$$

（3）当 $TH = 500$ 年时，三种温室气体基于时效性的碳排放量核算。

当 $TH = 500$ 年时，假设单位 CO_2 500 年的温室效应值为 1。同上可得到 $a_{500} = 1.1692$，$b_{500_{101}} = 0.0196$，$b_{500_{200}} = 0.01$，$c_{500} = 2.6609$。

当露天煤矿的计算时段 $n \leqslant 12$ 年，n 年内 CH_4 的释放量转换到所核算当年的碳排放量可用公式（5-22）计算：

$$E_{CH_4} = a_{500} \sum_{i=1}^{n} E_i \cdot \left[(n-i+1) - \frac{(n-i+1)(n-i)}{24} \right] \quad (5-22)$$

当 $n > 12$ 年时，采用公式（5-23）进行计算：

$$E_{CH_4} = 7.6 \sum_{i=1}^{n-11} E_i + a_{500} \sum_{i=1}^{11} E_{i+n-11} \cdot \left[(12-i) - \frac{(12-i)(11-i)}{24} \right] \quad (5-23)$$

当 CO_2 的存留期为 101 年时，当 $n \leqslant 101$ 年，n 年内 CO_2 的释放量转换到所核算当年的碳排放量可用公式（5-24）计算：

$$E_{CO_2} = b_{500_{101}} \sum_{i=1}^{n} E_i \cdot \left[(n-i+1) - \frac{(n-i+1)(n-i)}{202} \right] \quad (5-24)$$

当 $n > 101$ 年时，采用公式（5-25）进行计算：

$$E_{CO_2} = \sum_{i=1}^{n-100} E_i + b_{500_{101}} \sum_{i=1}^{100} E_{i+n-100} \cdot \left[(101-i) - \frac{(101-i)(100-i)}{202} \right] \quad (5-25)$$

当 CO_2 的存留期为 200 年时，当 $n \leqslant 200$ 年，n 年内 CO_2 的释放量转换到所核算当年的碳排放量可用公式（5-26）计算：

$$E_{CO_2} = b_{500_{200}} \sum_{i=1}^{n} E_i \cdot \left[(n-i+1) - \frac{(n-i+1)(n-i)}{400} \right] \quad (5-26)$$

当 $n > 101$ 年时，采用公式（5-27）进行计算：

$$E_{CO_2} = \sum_{i=1}^{n-199} E_i + b_{500_{200}} \sum_{i=1}^{199} E_{i+n-199} \cdot \left[(200-i) - \frac{(200-i)(199-i)}{400} \right] \quad (5-27)$$

当露天煤矿的计算时段 $n \leqslant 114$ 年，n 年内 CH_4 的释放量转换到所核算当年的碳排放量可用公式（5-28）计算。

$$E_{N_2O} = c_{500} \sum_{i=1}^{n} E_i \cdot \left[(n-i+1) - \frac{(n-i+1)(n-i)}{228} \right] \quad (5-28)$$

当 $n > 114$ 年时，采用公式（5-29）进行计算：

$$E_{N_2O} = 153 \sum_{i=1}^{n-113} E_i + c_{100} \sum_{i=1}^{113} E_{i+n-113} \cdot \left[(114-i) - \frac{(114-i)(113-i)}{228} \right] \quad (5-29)$$

由于公式较为复杂，为方便计算，将 $TH = 20$ 年时，CH_4 从 1~12 和 CO_2、

N_2O 从 1～20 对应的每年的 GWP 值列表表示，见表 5－5。由于我国的露天煤矿服务年限大于 100 年的较少，仅列出 TH＝100 年和 500 年时 CH_4 从 1～12、CO_2 和 N_2O 从 1～100 对应的 GWP 值，见表 5－7 和表 5－8。在计算时可通过查表找数据计算，当然也可以按照对应的情况运用上述系列公式计算。当计算量较少时，适合查表计算，当计算量较多时，采用公式法更为便捷。

表 5－5　当 TH＝20 时三种温室气体累积年数不同时的相对 GWP 值

累计年数	CO_2（101）	CO_2（200）	CH_4	N_2O
20	1.0002	1.0001	—	288.9993
19	0.9553	0.9526	—	275.863
18	0.9100	0.9048	—	262.5884
17	0.8641	0.8568	—	249.1755
16	0.8176	0.8085	—	235.6243
15	0.7706	0.7599		221.9349
14	0.7231	0.7111		208.1072
13	0.6750	0.6620		194.1412
12	0.6263	0.6127	71.9999	180.0369
11	0.5771	0.5631	71.0768	165.7944
10	0.5274	0.5132	69.2306	151.4135
9	0.4771	0.4631	66.4614	136.8944
8	0.4263	0.4127	62.7691	122.237
7	0.3749	0.3620	58.1537	107.4414
6	0.3230	0.3111	52.6153	92.50744
5	0.2705	0.2599	46.1538	77.43523
4	0.2175	0.2084	38.7692	62.22474
3	0.1640	0.1567	30.4615	46.87597
2	0.1099	0.1047	21.2307	31.38892
1	0.0552	0.0525	11.0769	15.7636

表 5－6　当 TH＝100 时三种温室气体累积年数不同时的相对 GWP 值

累计年数	CO_2（101）	CO_2（200）	N_2O	累计年数	CO_2（101）	CO_2（200）	CH_4	N_2O
100	0.9994	1.0008	298.0013	50	0.7423	0.5835		206.7529
99	0.9990	0.9941	297.3083	49	0.7322	0.5735		203.7497
98	0.9984	0.9873	296.5691	48	0.7219	0.5634		200.7004
97	0.9977	0.9805	295.7836	47	0.7114	0.5532		197.6049

续表

累计年数	CO$_2$（101）	CO$_2$（200）	N$_2$O	累计年数	CO$_2$（101）	CO$_2$（200）	CH$_4$	N$_2$O
96	0.9967	0.9736	294.952	46	0.7007	0.5430		194.4632
95	0.9955	0.9666	294.0742	45	0.6899	0.5327		191.2753
94	0.9942	0.9595	293.1501	44	0.6788	0.5223		188.0411
93	0.9926	0.9524	292.1799	43	0.6676	0.5119		184.7608
92	0.9909	0.9452	291.1635	42	0.6561	0.5013		181.4343
91	0.9889	0.9380	290.1008	41	0.6445	0.4908		178.0616
90	0.9868	0.9307	288.992	40	0.6326	0.4801		174.6426
89	0.9845	0.9233	287.8369	39	0.6206	0.4694		171.1775
88	0.9819	0.9158	286.6357	38	0.6084	0.4587		167.6662
87	0.9792	0.9083	285.3882	37	0.5960	0.4478		164.1086
86	0.9763	0.9007	284.0946	36	0.5833	0.4369		160.5049
85	0.9732	0.8931	282.7547	35	0.5705	0.4259		156.855
84	0.9699	0.8854	281.3687	34	0.5575	0.4149		153.1588
83	0.9664	0.8776	279.9364	33	0.5443	0.4038		149.4165
82	0.9627	0.8698	278.458	32	0.5309	0.3926		145.6279
81	0.9588	0.8618	276.9333	31	0.5174	0.3814		141.7932
80	0.9548	0.8539	275.3625	30	0.5036	0.3701		137.9122
79	0.9505	0.8458	273.7454	29	0.4896	0.3587		133.9851
78	0.9460	0.8377	272.0821	28	0.4754	0.3473		130.0117
77	0.9414	0.8295	270.3727	27	0.4611	0.3358		125.9922
76	0.9365	0.8213	268.617	26	0.4465	0.3242		121.9264
75	0.9315	0.8130	266.8151	25	0.4318	0.3126		117.8145
74	0.9262	0.8046	264.9671	24	0.4168	0.3008		113.6563
73	0.9208	0.7961	263.0728	23	0.4017	0.2891		109.452
72	0.9152	0.7876	261.1323	22	0.3864	0.2772		105.2014
71	0.9094	0.7790	259.1456	21	0.3708	0.2653		100.9046
70	0.9033	0.7704	257.1128	20	0.3551	0.2534		96.56167
69	0.8971	0.7617	255.0337	19	0.3392	0.2413		92.1725
68	0.8907	0.7529	252.9084	18	0.3231	0.2292		87.73713
67	0.8841	0.7441	250.7369	17	0.3068	0.2171		83.25556
66	0.8773	0.7352	248.5192	16	0.2903	0.2048		78.72779

累计年数	CO₂（101）	CO₂（200）	N₂O	累计年数	CO₂（101）	CO₂（200）	CH₄	N₂O
65	0.8704	0.7262	246.2554	15	0.2736	0.1925		74.15382
64	0.8632	0.7171	243.9453	14	0.2567	0.1801		69.53364
63	0.8558	0.7080	241.589	13	0.2397	0.1677		64.86726
62	0.8482	0.6988	239.1865	12	0.2224	0.1552	25.0003	60.15468
61	0.8405	0.6896	236.7378	11	0.2049	0.1426	24.6798	55.3959
60	0.8325	0.6803	234.2429	10	0.1873	0.1300	24.03875	50.59092
59	0.8244	0.6709	231.7018	9	0.1694	0.1173	23.0772	45.73974
58	0.8160	0.6615	229.1145	8	0.1514	0.1045	21.7951	40.84235
57	0.8075	0.6520	226.481	7	0.1331	0.0917	20.1926	35.89876
56	0.7987	0.6424	223.8013	6	0.1147	0.0788	18.2695	30.90897
55	0.7898	0.6327	221.0754	5	0.0961	0.0658	16.0258	25.87298
54	0.7807	0.6230	218.3033	4	0.0772	0.0528	13.4617	20.79079
53	0.7714	0.6133	215.485	3	0.0582	0.0397	10.5771	15.66239
52	0.7619	0.6034	212.6205	2	0.0390	0.0265	7.37188	10.4878
51	0.7522	0.5935	209.7098	1	0.0196	0.0133	3.8462	5.267

表 5-7 当 $TH=500$ 时三种温室气体累积年数不同时的相对 GWP 值

累计年数	CO₂（101）	CO₂（200）	N₂O	累计年数	CO₂（101）	CO₂（200）	CH₄	N₂O
100	0.9994	0.7525	150.5509	50	0.7423	0.4388		104.4520
99	0.9990	0.7475	150.2008	49	0.7322	0.4312		102.9348
98	0.9984	0.7424	149.8273	48	0.7219	0.4236		101.3943
97	0.9977	0.7372	149.4305	47	0.7114	0.4160		99.8304
96	0.9967	0.7320	149.0104	46	0.7007	0.4083		98.2432
95	0.9955	0.7268	148.5669	45	0.6899	0.4005		96.6327
94	0.9942	0.7215	148.1001	44	0.6788	0.3927		94.9988
93	0.9926	0.7161	147.6099	43	0.6676	0.3849		93.3416
92	0.9909	0.7107	147.0964	42	0.6561	0.3770		91.6610
91	0.9889	0.7053	146.5596	41	0.6445	0.3690		89.9571
90	0.9868	0.6998	145.9994	40	0.6326	0.3610		88.2298
89	0.9845	0.6942	145.4159	39	0.6206	0.3530		86.4793

累计年数	CO_2（101）	CO_2（200）	N_2O	累计年数	CO_2（101）	CO_2（200）	CH_4	N_2O
88	0.9819	0.6886	144.8090	38	0.6084	0.3449		84.7053
87	0.9792	0.6830	144.1788	37	0.5960	0.3367		82.9080
86	0.9763	0.6773	143.5252	36	0.5833	0.3285		81.0874
85	0.9732	0.6715	142.8483	35	0.5705	0.3203		79.2435
84	0.9699	0.6657	142.1481	34	0.5575	0.3120		77.3762
83	0.9664	0.6599	141.4245	33	0.5443	0.3036		75.4855
82	0.9627	0.6540	140.6776	32	0.5309	0.2952		73.5716
81	0.9588	0.6480	139.9073	31	0.5174	0.2868		71.6342
80	0.9548	0.6420	139.1137	30	0.5036	0.2783		69.6736
79	0.9505	0.6360	138.2968	29	0.4896	0.2697		67.6896
78	0.9460	0.6299	137.4565	28	0.4754	0.2611		65.6822
77	0.9414	0.6237	136.5929	27	0.4611	0.2525		63.6515
76	0.9365	0.6175	135.7059	26	0.4465	0.2438		61.5975
75	0.9315	0.6113	134.7956	25	0.4318	0.2350		59.5201
74	0.9262	0.6050	133.8619	24	0.4168	0.2262		57.4194
73	0.9208	0.5986	132.9050	23	0.4017	0.2174		55.2954
72	0.9152	0.5922	131.9246	22	0.3864	0.2085		53.1480
71	0.9094	0.5858	130.9209	21	0.3708	0.1995		50.9772
70	0.9033	0.5793	129.8939	20	0.3551	0.1905		48.7832
69	0.8971	0.5727	128.8436	19	0.3392	0.1815		46.5658
68	0.8907	0.5661	127.7699	18	0.3231	0.1724		44.3250
67	0.8841	0.5595	126.6728	17	0.3068	0.1632		42.0609
66	0.8773	0.5528	125.5525	16	0.2903	0.1540		39.7735
65	0.8704	0.5460	124.4087	15	0.2736	0.1448		37.4627
64	0.8632	0.5392	123.2417	14	0.2567	0.1355		35.1285
63	0.8558	0.5324	122.0513	13	0.2397	0.1261		32.7711
62	0.8482	0.5255	120.8375	12	0.2224	0.1167	7.5998	30.3903

累计年数	CO_2（101）	CO_2（200）	N_2O	累计年数	CO_2（101）	CO_2（200）	CH_4	N_2O
61	0.8405	0.5185	119.6005	11	0.2049	0.1073	7.5024	27.9861
60	0.8325	0.5115	118.3400	10	0.1873	0.0978	7.3075	25.5586
59	0.8244	0.5045	117.0563	9	0.1694	0.0882	7.0152	23.1078
58	0.8160	0.4974	115.7492	8	0.1514	0.0786	6.6255	20.6336
57	0.8075	0.4902	114.4187	7	0.1331	0.0690	6.1383	18.1361
56	0.7987	0.4830	113.0649	6	0.1147	0.0593	5.5537	15.6153
55	0.7898	0.4758	111.6878	5	0.0961	0.0495	4.8717	13.0711
54	0.7807	0.4685	110.2873	4	0.0772	0.0397	4.0922	10.5036
53	0.7714	0.4611	108.8635	3	0.0582	0.0299	3.2153	7.9127
52	0.7619	0.4537	107.4163	2	0.0390	0.0200	2.2410	5.2985
51	0.7522	0.4463	105.9458	1	0.0196	0.0100	1.1692	2.6609

从表 5-5、表 5-6 和表 5-7 可知，随着换算年数的增加，逐渐接近当 $TH=20$、100、500 时的 GWP 值，表明了不同换算年数时三种温室气体 GWP 值各不相同，体现了不同时间 GWP 值不同的时效特点。

5.2.3 露天煤矿 n 年碳排放量核算实证研究

以安家岭露天煤矿为例，安家岭露天煤矿的碳排放量核算期 $n=9$ 年。分别当 $TH=20$、100 和 500 时，$n\leqslant 20$ 时，通过对应的三种温室气体的计算公式进行核算。对于时效性的研究主要体现在不同累积年限采用不同 GWP 值，从而得到反映时间效益的碳排放，对于露天煤矿的碳排放核算中，CH_4 和 N_2O 的时效性主要体现在燃油和逸散碳排放源的碳排放量。在第 4 章中为方便计算，对燃油和逸散的碳排放量计算中采用的碳排放因子直接将三种主要温室气体按照 $TH=100$ 年时的 GWP 值进行换算打包，而此处由于要单独分析 CH_4 和 N_2O 不同分摊年限下累积年数不同时采用不同 GWP 值的情况，因此需要对燃油的碳排放因子进行分解计算，三种温室气体的排放因子采用表 3-3 中的数据。逸散碳排放因子也需要分解，取逸散的 CH_4 排放因子为 1.4405×10^{-6} t/t。对于 CO_2 的时效性则表现在柴油 CO_2 排放量、电力和炸药的碳排放中。通过第 5.2.2 节中的对应公式或表 5-5 到表 5-7 的数据对安家岭露天煤矿 n 年碳排放量进行核算。核算结果见表 5-8 到表 5-10。

表5-8 当 $TH=20$ 年时安家岭露天煤矿的时效碳排放量

指标	单位	2002年	2003年	2004年	2005年	2006年	2007年	2008年	2009年	2010年
原煤产量	万t	865.93	1101.39	1444.64	1500.94	1751.27	1672.72	1451.02	1763.14	2303.99
柴油	t	32278.35	34865.32	32379.00	26830.52	28247.58	50765.01	51051.80	55332.08	64119.98
电力用量	MWh	36191.14	40403.24	54725.25	44024.81	37111.48	39872.82	47657.04	66370.68	64663.61
炸药用量	t	14871.72	15498.83	19924.22	21692.92	19322.13	28377.60	34221.01	39010.31	46013.99
柴油 CO_2 排放量	t	102967.94	111220.37	103289.01	85589.36	90109.78	161940.38	162855.24	176509.34	204542.74
柴油 CH_4 排放量	t	4.16	4.50	4.18	3.46	3.64	6.55	6.59	7.14	8.27
柴油 N_2O 排放量	t	0.83	0.90	0.84	0.69	0.73	1.31	1.32	1.43	1.65
电力碳排放量	t	36440.86	40682.02	55102.85	44328.58	37367.55	40147.94	47985.87	66828.64	65109.79
炸药碳排放量	t	3909.78	4074.64	5238.08	5703.07	5079.79	7460.47	8996.70	10255.81	12097.08
逸散 CH_4 排放量	t	12.47	15.87	20.81	21.62	25.23	24.10	20.90	25.40	33.19
碳排放总量（101）[a]	t	24700.21	24095.48	22313.69	16035.36	13220.28	16616.92	13105.93	10144.98	5690.47
碳排放总量（200）[b]	t	17233.31	16780.16	15539.41	11166.57	9203.79	11503.93	9038.93	6975.06	3915.45
柴油碳排放量	t	103506.98	111802.62	103829.74	86037.43	90581.51	162788.16	163707.81	177433.38	205613.54
逸散碳排放量	t	689.45	876.93	1150.22	1195.05	1394.36	1331.82	1155.30	1403.81	1834.44
碳排放总量	t	144547.07	157436.21	165320.89	137264.13	134423.21	211728.39	221845.69	255921.64	284654.85

注：a：当 TH=20 时，表示将对应碳排放量折算到 2010 年时碳排放量， CO_2 的存留期为 101 年；

b：当 TH=20 时，表示将对应碳排放量折算到 2010 年时碳排放量， CO_2 的存留期为 200 年。

表5-9 当 *TH* =100年时安家岭露天煤矿的时效碳排放量

指标	单位	2002年	2003年	2004年	2005年	2006年	2007年	2008年	2009年	2010年
原煤产量	万t	865.93	1101.39	1444.64	1500.94	1751.27	1672.72	1451.02	1763.14	2303.99
柴油	t	32278.35	34865.32	32379.00	26830.52	28247.58	50765.01	51051.80	55332.08	64119.98
电力	MWh	36191.14	40403.24	54725.25	44024.81	37111.48	39872.82	47657.04	66370.68	64663.61
炸药	t	14871.72	15498.83	19924.22	21692.92	19322.13	28377.60	34221.01	39010.31	46013.99
柴油 CO_2 排放量	t	102967.94	111220.37	103289.01	85589.36	90109.78	161940.38	162855.24	176509.34	204542.74
柴油 CH_4 排放量	t	4.16	4.50	4.18	3.46	3.64	6.55	6.59	7.14	8.27
柴油 N_2O 排放量	t	0.83	0.90	0.84	0.69	0.73	1.31	1.32	1.43	1.65
电力碳排放量	t	36440.86	40682.02	55102.85	44328.58	37367.55	40147.94	47985.87	66828.64	65109.79
炸药碳排放量	t	3909.78	4074.64	5238.08	5703.07	5079.79	7460.47	8996.70	10255.81	12097.08
逸散 CH_4 排放量	t	12.47	15.87	20.81	21.62	25.23	24.10	20.90	25.40	33.19
碳排放总量（101）[a]	t	69597.05	67881.14	62887.70	45189.33	37245.64	46846.41	36952.46	28605.53	16037.91
碳排放总量（200）[b]	t	67590.59	65759.85	60776.88	43575.44	35840.53	44939.52	35347.64	27286.84	15277.19
柴油碳排放量	t	103319.77	111600.40	103641.94	85881.81	90417.68	162493.72	163411.71	177112.45	205241.64
逸散碳排放量	t	311.84	396.64	520.25	540.53	630.68	602.39	522.55	634.95	829.72
碳排放总量	t	143982.25	156753.71	164503.12	136453.99	133495.69	210704.52	220916.83	254831.85	283278.24

注：a：当 TH =100 时，表示将对应的碳排放量折算到 2010 年时碳排放量，CO_2 的存留期为 101 年；

b：当 TH =100 时，表示将对应的碳排放量折算到 2010 年时碳排放量，CO_2 的存留期为 200 年。

表5-10 当 $TH=500$ 年时安家岭露天煤矿的碳排放量

指标	单位	2002年	2003年	2004年	2005年	2006年	2007年	2008年	2009年	2010年
原煤产量	万t	865.93	1101.39	1444.64	1500.94	1751.27	1672.72	1451.02	1763.14	2303.99
柴油	t	32278.35	34865.32	32379.00	26830.52	28247.58	50765.01	51051.80	55332.08	64119.98
电力	MWh	36191.14	40403.24	54725.25	44024.81	37111.48	39872.82	47657.04	66370.68	64663.61
炸药	t	14871.72	15498.83	19924.22	21692.92	19322.13	28377.60	34221.01	39010.31	46013.99
柴油 CO_2 排放量	t	102967.94	111220.37	103289.01	85589.36	90109.78	161940.38	162855.24	176509.34	204542.74
柴油 CH_4 排放量	t	4.16	4.50	4.18	3.46	3.64	6.55	6.59	7.14	8.27
柴油 N_2O 排放量	t	0.83	0.90	0.84	0.69	0.73	1.31	1.32	1.43	1.65
电力碳排放量	t	36440.86	40682.02	55102.85	44328.58	37367.55	40147.94	47985.87	66828.64	65109.79
炸药碳排放量	t	3909.78	4074.64	5238.08	5703.07	5079.79	7460.47	8996.70	10255.81	12097.08
逸散 CH_4 排放量	t	12.47	15.87	20.81	21.62	25.23	24.10	20.90	25.40	33.19
碳排放总量（101）[a]	t	24414.13	23768.40	21947.67	15705.84	12888.92	16316.33	12893.36	9970.63	5575.17
碳排放总量（200）[b]	t	12776.66	12413.27	11458.99	8192.43	6711.75	8458.25	6671.95	5152.35	2870.37
柴油碳排放量	t	103126.10	111391.21	103447.67	85720.83	90248.19	162189.13	163105.40	176780.46	204856.92
逸散碳排放量	t	94.80	120.58	158.16	164.32	191.73	183.13	158.85	193.03	252.24
碳排放总量	t	143571.53	156268.45	163946.76	135916.93	132887.26	209980.67	220246.83	254057.94	282316.03

注：a: 当 $TH=500$ 时，表示将对应的碳排放量折算到2010年的碳排放量，CO_2 的存留期为101年；

b: 当 $TH=500$ 时，表示将对应的碳排放量折算到2010年时的碳排放量，CO_2 的存留期为200年。

以碳排放总量为衡量指标，比较安家岭露天煤矿考虑时效性和不考虑时效性时 2002 年到 2010 年碳排放总量的差别。当 $TH = 20$、100、500 和 CO_2 存留期分别为 101 年和 200 年时，安家岭露天煤矿的碳排放总量见表 5 - 8。

表 5 - 11　当 TH 不同时不同算法安家岭露天煤矿的碳排放总量（2002—2010 年）

TH 值（年）	CO₂ 存留期（年）	算法	碳排放总量（t）
20	50 ~ 200	直接相加	1713142.09
	101	时效性	411243.17
	200	时效性	396394.48
100	50 ~ 200	直接相加	1704920.20
	101	时效性	145923.31
	200	时效性	101356.60
500	50 ~ 200	直接相加	1699192.26
	101	时效性	143480.45
	200	时效性	74706.04

从表 5 - 11 可知，考虑时效性和不考虑时效性的直接相加，碳排放量的区别很大，考虑时效性的碳排放量偏小，对于安家岭 2002—2010 年的碳排放总量相差一个数量级。当 $TH = 20$ 年时，CO_2 留存期分别为 101 年和 200 年时，考虑时效性的碳排放总量为直接相加法的 24.01% 和 23.14%，也就是指，有将近 3/4 的碳排放量在温室效应未发生时已计入碳排放量中。当 $TH = 100$ 年时，对应的比例分别为 8.56% 和 5.94%，有 90% 多的碳排放量被早早地计入到了碳排放中，而 $TH = 100$ 也是目前在核算碳排放量中最常用的一种方法。当 $TH = 500$ 年时，两个比例分别为 8.44% 和 4.40%。

时效性方法体现的理念是随着时间的推移，温室气体的影响有逐渐减弱的趋势，通过时间因素最终反映出来。当考虑时效性以后，得出的 n 年碳排放量比直接相加法要小。

从表 5 - 11 中得到这样一个观点，是否考虑时效性对于露天煤矿 n 年碳排放总量的影响是非常大的。基于时效性的露天煤矿 n 年碳排放量的核算很好地反映了温室气体产生温室效应是个长期的过程，而非一蹴而就。按照已经发生的温室效应进行计算，实时且真实地反映了露天煤矿已发生的碳排放总量。同时也揭示了一个道理，发达国家在一百多年高速发展过程中排出的温室气体至今还有影响，因此对于碳减排的问题，发达国家负有不可推卸和义不容辞的责任。而发展中国家排出的温室气体的温室效应还在逐年发生，因此需要从源头减排，尽可能地既要维持一定速度的发展，又要减少碳排放量。

5.3 本章小结

本章对于露天煤矿的碳排放核算方法进行了时间维度的探讨。首先根据政府间气候变化评估报告中的三种温室气体的全球增温潜势值分析了当温室气体温室效应累积年限不同时对露天煤矿碳排放总量的影响，随着累积年限的增加，碳排放量减少，证实了不同累积期限确实会对碳排放总量产生一定的影响。但由于露天煤矿中甲烷和氧化亚氮的排放量较少，实例验证中安家岭露天煤矿碳排放量的影响并不明显，总量变化不超过1%。并初步尝试了将时效性加入 n 年的露天煤矿碳排放核算当中，在累积年限分别为20年、100年和500年，温室气体按照存留期平均被吸收的前提下，将三种温室气体的温室效应分散到计算期内的每一年，而非传统地一次性计入，推导出了三种温室气体基于时效性的一系列对应公式，通过实例验证得到考虑时效性的露天煤矿的碳排放总量小于不考虑时效性直接相加的值。随着累积年限的增大，n 年碳排放量所占传统碳排放量的比例呈递减趋势。该方法也说明了目前全球的温室效应仍是百年前发达国家高速发展过程排放的温室气体，发达国家应对目前的碳减排负有不可推卸的义务。

6 露天煤矿碳减排途径研究

中国政府在 2009 年 12 月的哥本哈根气候变化峰会上首次宣布温室气体减排清晰量化目标，到 2020 年实现单位 GDP 的 CO_2 排放量比 2005 年下降 40% ~45%。[3] 在中国"十二五"规划纲要中，单位 GDP 的 CO_2 排放量降低 17% 也被指定为约束性指标。[4] 碳排放的减少不是单纯地使碳排放总量降低，而是需要所有行业的碳排放都是其行业内的最低碳排放水平，同时取得最好的经济效益和社会效益，发展经济的同时改善人类的生存环境。露天煤矿的碳减排途径并不是单纯地减少该行业的总体碳排放量，而是随着露天煤矿产量的增加，降低吨煤碳排放量或者单位工作量的碳排放量，也就是碳排放量的增速小于产量的增速，从而实现碳排放量的减少。低碳是一个相对概念，应该是在目前的碳排放水平上降低其单位碳排放量。

伴随着对低碳经济的关注，逐渐有人提出了碳税的概念。碳税是针对 CO_2 的排放征收的一种税，其根本目的是减少温室气体的排放，希望能改变由于排放 CO_2 而导致全球变暖的现状[96]。碳税的征收一般是以化石燃料燃烧后的排碳量为依据进行核算。虽然目前我国还未开始征收碳税，但仍需未雨绸缪，提前做好征收碳税的准备。一方面需要明确研究被征收对象的碳排放量；另一方面则是寻找有效的碳减排途径，尽可能地减少碳排放量。

综合本书第 3 章、第 4 章内容，露天煤矿最主要的碳排放源为柴油和电力。露天煤矿的碳减排途径主要从五个角度去考虑：工艺角度、电力角度、柴油角度、设备角度和其他角度。

6.1 生产工艺系统角度的碳减排途径

露天煤矿的主要生产工艺系统分为三大类：间断工艺、半连续工艺和连续工艺。本书的研究对象主要为单斗—卡车间断工艺和不同形式的半连续工艺。

目前，露天煤矿的岩石剥离工艺多采用单斗—卡车间断工艺，在矿山客观条件允许的条件下应尝试采用碳排放水平更优的工艺。

煤炭开采大部分已实现半连续工艺，而半连续工艺中破碎站位置的不同会对露天煤矿的碳排放量产生很大的影响。破碎站的位置距离工作面越近，碳排放量越少。

若目前采煤工艺为单斗—卡车间断工艺，则碳减排途径应为半连续工艺；若目前采煤工艺为半连续工艺且破碎站位于地面，则碳减排发展方向应为破碎站向端帮或坑底变动的半连续工艺；若目前采煤工艺为半连续工艺且破碎站位置为端帮时，则碳减排发展方向则应为采用坑底自移式破碎机。

6.2　柴油碳减排途径

柴油碳减排途径一方面是降低柴油单耗，另一方面是在不影响正常运输的情况下加入一定比例的生物柴油，降低柴油的碳排放因子，进而减少柴油引起的碳排放量。

（1）柴油单耗的降低。

发动机功率的 30%～40% 消耗在克服轮胎的滚动阻力上。车轮滚动的摩擦阻力除与道路条件相关外，还与车体的重量以及轮胎的强度和弹性相关。子午线轮胎是一种较好的轮胎，滚动阻力系数比普通斜交轮胎小 20%～30%，使用子午线轮胎的汽车可以节约燃油 3%～8%，因此矿用卡车的轮胎应尽可能地使用子午线轮胎，从而降低燃油使用量，减少碳排放量。2012 年度，我国轮胎外胎的产量达 8.9 亿条，约占世界轮胎总产量的 25%；其中，子午线轮胎外胎的产量为 4.6 亿条，同比增长 11.4%，占总产量的 51.7%，是全球第一大轮胎生产制造国。另外，轮胎发展的趋势是高气压化，指的是将胎压提高，油耗就会减少，同时碳排放量也可进一步减少。

（2）生物柴油的应用。

目前，我国正在逐步推广生物柴油。2007 年东京在市区范围内的公共汽车引入了生物柴油，并开展了相关的研究。[97] 巴西政府成立了跨部门委员会，委员会通过总统府牵头，共 14 个政府部门参与，主要负责对推广生物柴油的政策与措施进行研究和制定。并通过议会颁布法案，此规定从 2008 年起执行，全国在市场上进行消费的柴油必须添加 2% 的生物柴油，到 2013 年该比例将提高至5%。美国 UPS 公司也将采用混有 5% 生物柴油的柴油作为燃料以降低碳排放量。随着生物柴油的不断推广应用，柴油的碳排放量也会有一定程度的减少。

（3）露天煤矿节油措施。

露天煤矿还可以通过一些节油管理措施减少柴油用量，如缩短运距，降低油耗等。

1）合理安排生产，根据采、排时空关系变化，优化开拓系统和排土程序，优化坑下采剥运输道路设计，加大道路维护力度，加快优化道路项目的实施，缩短剥离运距，减少运输油耗；

2）实时对底板煤进行清理，增加内排空间，缩短运距；

3）以质量为生命，加强质量标准化管理，对采、运、排各环节实施精细化管理，提高工作面质量，保证工程和煤炭质量，减少二次消耗；

4）对车铲匹配进行优化，保证装车质量，最大限度地减少车、铲的待装时间，从而减少燃油的无效消耗；

5）严格执行设备无渗漏检查制度，杜绝设备"跑、冒、滴、漏"的现象，推行无渗漏达标管理；

6）全面落实设备坑下交接班工作制度，设备坑下加油控制适量，防止泄漏；

7）执行好车辆熄火制度，减少怠速油耗；

8）剥离卡车要排卸到位，减少推土机工作量从而减少推土机柴油用量；

9）强化履带式工程设备就近调动作业和拖板运输，减少走行距离和空载耗油量；

10）执行胶轮辅助设备坑下交接、就餐和坑下加油制度，节约油耗；

11）加强对地面车辆的管理，科学合理调配、使用车辆，严格用油的管理，认真核算单车油耗；

12）提高驾驶员的节能操作水平，操作技能对车辆能耗的影响可达12%。

6.3　设备耗能的碳减排途径

"以电代油"是目前露天煤矿比较认可的一种降低碳排放量的方法。然而"以电代油"是否可以降低露天煤矿生产过程中的碳排放量还有待商榷。虽然第4章中卡车运输部分由胶带输运机替代后，确实使碳排放量有一定的降低，但并不足以证明"以电代油"就能实现低碳发展。传统的理解"以电代油降低碳排放"是因为使用燃油产生的碳排放是直接的，使用电力并没有产生直接碳排放。然而在统计碳排放源时计入电力这个间接碳排放源，那么在这种情况下，以电代油是否降低碳排放量则需要通过量化分析来判断。本书从露天煤矿设备耗能的角度进行分析，假设两种设备完成同样的工作量，计算需要的柴油和电力，进而核算它们的碳排放量进行比较分析。

单斗挖掘机是我国露天矿中应用最广泛的一种采掘设备，根据其驱动方式的不同，划分为电力驱动挖掘机和内燃机驱动挖掘机两种。我国在建和已投入生产的大型露天煤矿已超过 40 座。据不完全统计，我国的露天煤矿约有 75% 处于年平均气温偏低的高原地区（内蒙古、新疆），由于电动挖掘机能够很好地适应低温缺氧的环境，因而在我国露天煤矿的应用比例高于内燃机驱动的挖掘机。

以单斗挖掘机为例进行碳排放量的核算。我国年生产能力在 1000 万吨以上的大型露天煤矿目前采用的单斗挖掘机斗容多数介于 $20 \sim 30 m^3$，因此选取太重集团制造的 WK-27A 电力驱动挖掘机和日立建机生产的 EX5500-5 内燃机驱动挖掘机作为研究对象。两种挖掘机的性能参数如表 6-1 所示。

表 6-1　WK-27A 及日立 EX5500-5 性能参数表

主要性能参数	驱动方式	铲斗类型	额定功率/ kW	斗容/m^3	作业循环 时间/s	电油转换系数/ kg/kWh
WK-27	电力	正铲	1550	27	32	0.206
EX5500-5	内燃机	正铲	1720	27	32	

假设单斗挖掘机需要完成的工作量为 Qm^3，采用第 4 章中的方法及对应的参数进行核算，当电力的碳排放因子为 $1.0069t/MWh$，电油转换系数为 $0.206kg/kWh$ 时，两种单斗挖掘机的单位工作量碳排放因子分别为 $0.00114t/m^3$ 和 $0.00083t/m^3$。显然内燃机驱动的单斗挖掘机的单位碳排放量要低于电动挖掘机的单位碳排放量。

将电力碳排放因子作为变量进行核算，当内燃机驱动的单斗挖掘机和电动挖掘机的单位碳排放量相等时，电力碳排放因子为 $0.7315t/MWh$。

当电力的碳排放因子大于 $0.7315t/MWh$ 时，内燃机驱动挖掘机的碳排放量低于电动挖掘机的碳排放量，即"以电代油"处于失效状态；

当电力的碳排放因子为 $0.7315t/MWh$ 时，则电动挖掘机碳排放量等于内燃机驱动挖掘机碳排放量；

当电力的碳排放因子小于 $0.7315t/MWh$ 时，则电动挖掘机的碳排放量低于内燃机挖掘机的碳排放量，即"以电代油"处于有效状态，可以降低碳排放量。

由此可知，并不能单纯地认为"以电代油"可以减少碳排放量，需要具体设备具体分析，主要的影响因素包括其额定功率、电力碳排放因子和电油转换系数等，它们决定了是采用电力驱动的挖掘机还是内燃机驱动的挖掘机碳排放量会更少。同样如果是同类设备均需要通过核算以确定何种耗能的设备碳排放量低。

6.4　电力角度的碳减排途径

电力属于露天煤矿碳排放源中的间接碳排放源。电力的碳减排可通过上下游相结合的方式实现，上游发电企业着力降低电力的碳排放因子，下游露天煤矿积极开展节电工程。目前，露天煤矿的电力来源多为火力发电。

6.4.1　降低电力碳排放因子

上游降低电力碳排放因子有两种方法。一是火力发电厂通过技术进步、碳捕捉、规模化等措施减少碳排放量，从而降低最终的电力碳排放因子；二是改用低碳电力，如风能发电、太阳能发电、水力发电等的电力。作为电力消费端的露天煤矿可以从单纯的火电逐渐向其他低碳电力转变。一方面火电的碳排放因子逐渐降低，另一方面采用一些具有低碳优势的电力来源，如风电、太阳能电力、水电等。另外，除电力碳排放因子的降低，还可以采取一些措施降低电力消耗。如变频调速技术、无功补偿技术和其他节电措施。

火电的碳排放因子见表 3 – 11 和表 6 – 2。表 3 – 11 中，火电碳排放因子分为两类，可以看出下标为 OM 和 BM 的火电碳排放因子存在一定的差别，是由于统计方法及样本不同而造成的区别。表 6 – 2 中，所采用的样本为所在区域电网内效率最高的前 15% 的电厂，代表火电厂效率较高的电力碳排放因子，另外对比不同装机功率，随着装机功率的提高，其碳排放因子有降低的趋势。

表 6 – 2　中国区域电网的碳排放因子

项目 单位	60 万千瓦 t/MWh	66 万千瓦 t/MWh	100 万千瓦 t/MWh
华北区域电网	0.8806	0.8732	0.8578
东北区域电网	—	0.8811	—
华东区域电网	0.8530	0.8481	0.8327
华中区域电网	0.8655	0.8598	0.8547

项目 \ 单位	60万千瓦 t/MWh	66万千瓦 t/MWh	100万千瓦 t/MWh
西北区域电网	0.9041	0.9057	—
南方区域电网	0.8798	0.8774	0.8769
全国	0.8665	0.8607	0.8494

火力发电厂碳排放因子的降低途径主要分为三种。

（1）提高火电厂的能源效率。

提高火电厂的整体能源使用效率，进而提高能源的利用效率，是火电厂实行碳减排的一种技术途径。如火电厂采用超高参数的发电机组、联合循环等新型先进的机组，并合理规划电网中各种机组的负荷分配。

（2）火力发电厂采用 CO_2 捕捉和埋存（CO_2 Capture and Storage – CCS）技术，即直接从火力发电厂的烟气中分离出 CO_2，然后进行储存或利用。[98]

（3）火力发电厂采用生物质共燃技术降低碳排放因子。生物质共燃技术的优势是可以将火电厂较为快捷地改造为生物质共燃电厂，从而降低目前火电厂的碳排放因子。

另外，还可以采用电力碳排放因子低于火力碳排放因子的电力。其他不同能源发电类型的碳排放因子见表6-3和表6-4。

表6-3　不同能源发电的碳排放因子[99]

能源类型	生物能燃气（暖气）	风能发电	太阳能发电	核能发电	天然气（暖气）
碳排放因子（t/MWh）	0.409	0.024	0.027	0.032	0.049

表6-4　不同能源发电的碳排放因子[100]

发电方式	光伏发电	煤电	燃油发电	燃气发电
碳排放因子（t/MWh）	0.033~0.050	0.7967	0.525	0.377

从表6-3和表6-4可看出，其他发电形式的电力碳排放因子要低于火力发电碳排放因子，使用清洁能源的电力是减少电力碳排放的一个很好的途径。

虽然近年我国的电源投资结构在不断优化，但是清洁能源的发电量仍然偏低，全国的电力供应来源仍以火电为主。2011年火电占82.84%，水电占13.27%，核电占1.88%，其他占2.02%。我国主要露天煤矿所在省份的电力来源情况见表6-5。

表6-5 我国主要露天煤矿所在自治区、省的电力来源表

省份	水电	火电	风电	太阳能发电	合计	备注
山西	243	4652	90	2	4987	华北地区
内蒙古	85	5894	1364	1	7344	华北地区
新疆	351	1631	188	2	2172	西北地区
辽宁	147	2852	402	0	3401	南方地区
吉林	433	1587	285	0	2306	东北地区
黑龙江	96	1737	255	0	2088	东北地区
云南	2847	1136	0	2	4059	东北地区
山西电力比例	4.87%	93.28%	1.80%	0.04%	100%	火电为主
内蒙古电力比例	1.16%	80.26%	18.57%	0.01%	100%	火电为主
新疆电力比例	16.16%	75.09%	8.66%	0.09%	100%	火电为主
辽宁电力比例	4.32%	83.86%	11.82%	0%	100%	火电为主
吉林电力比例	18.78%	68.82%	12.36%	0%	100%	火电为主
黑龙江电力比例	4.60%	83.19%	12.21%	0%	100%	火电为主
云南电力比例	70.14%	27.99%	0%	0.05%	100%	水电为主

从表6-5可知，我国露天煤矿所在自治区、省的电力来源除云南省外，仍以火力发电为主，吉林省的火力发电比例较低，但仍达到68.83%，山西省的火电比例最高，达到93.28%。露天煤矿电力碳排放因子的途径选择与所处省份也有很大关系，如以火电为主，则应尽可能地降低火电的碳排放因子。云南省的电力来源以水电为主，达到70.14%，火电为27.99%。如果露天煤矿位于云南省，则可以通过改用水电降低电力的碳排放因子。

在目前以火电为主、露天煤矿的用电量较大的情形下，通过低碳电力来降低碳排放在短期内较难实现。所以仍要将重点放在火电发电厂碳排放因子的降低上，同时加大清洁能源发电规模。

6.4.2 露天煤矿节电

露天煤矿还可以通过一些节电技术，如无功补偿技术、变频调速技术、绿色照明（使用LED节能路灯）等措施节电。具体措施如下：

（1）认真分析设备状况和负荷特点，科学地核定用电指标，控制电力消耗；

（2）通过变频和无功补偿等方式改造，降低轻载浪费和线变损耗；

（3）结合生产组织安排，合理调整坑下配电方式及配置线路负荷，控制电压衰减指标，减少线路损耗；

（4）优化车铲匹配，减少电铲待装时间，降低用电消耗；

（5）加强用电管理，减少非生产用电；

（6）积极更新使用节能设备（如使用节能焊机、淘汰高耗变压器等）和照明灯具，严格控制电热设施，降低电耗；

（7）电铲用电可通过对各单铲的检查、维护，使其达到更优的运行状态，减少电力损耗。

6.5 其他碳减排途径

（1）增加碳汇。降低温室气体排放量的两种主要途径：一种是减少排放温室气体的源头，即减少"碳源"；另一种是吸收二氧化碳，即增加"碳汇"。

碳排放量等于碳源排放量减去碳汇吸收量。可以从碳汇的角度进行减碳。碳汇指的是将空气当中的二氧化碳进行清除的过程、活动及机制。林业中的碳汇是指植物把大气中的二氧化碳转化后固定在植被或土壤中，从而降低该气体在大气中的浓度。碳汇既是目前得到普遍认可的林业碳汇，也包括海洋、草原和农业碳汇等，凡是可以清除大气中的温室气体，都可将其纳入"碳汇"行列。鼓励企业对荒山植树造林或者复垦，增加碳汇，从而减少碳排放量。

碳汇与碳减排进行对比，碳汇属于开源，碳减排属于节流。林业碳汇项目本身具有一些很明显的优点：第一，具有减缓和适应气候变化的双重作用；第二，实施林业碳汇比碳减排的成本低；第三，在实施过程中可以帮助农民提高就业机会和增加收入，促进农村的健康发展；第四，对生物的多样性有保护作用；第五，可以很好地改善人类的生存环境；第六，对环境保护和国家的生态安全产生正向作用。

中国绿色碳汇基金会于 2007 年开始，对企业和个人捐资造林表示鼓励，到 2011 年 6 月为止，该基金会得到数百家企业和个人的捐资共 4 亿多元人民币，在全国十多个省市区实施碳汇造林项目共计 120 万亩，来自国内外个人捐款"购买碳汇"的资金就达 400 多万元，29 个"个人捐资碳汇造林基地"分布在全国十多个省（区）。[101]露天煤矿可以捐款购买碳汇，从而使碳排放量降低。

鄂尔多斯伊金霍洛旗作为亿吨级煤炭基地，实施以"炭"换"碳"、碳汇林工程等为资源型地区的低碳发展做出很好的示范。

不同植物吸收二氧化碳的能力不同，如复垦，则需要寻找适合在露天煤矿所在地生存且对二氧化碳具有较强吸收能力的植物。

露天煤矿占地面积大，对环境有深远影响。一个露天开采矿区，占用的土地可达几十平方公里。但是，只要采取合理的覆土造田措施，是可以从碳汇角度降低碳排放的。可在排土场平台上进行人工种草，尽量选用多年生植物。具体可参考所附阅读材料：《由黑到绿的和谐变奏——山西平朔露天煤矿土地复垦纪略》（见图6-1）。

图6-1　露天矿复垦绿化效果图

附：

由黑到绿的和谐变奏
——山西平朔露天煤矿土地复垦纪略

车行黄土高原，黄沙遍野，沟壑纵横。突然间换了一道风景——成片的茂密丛林，枝繁叶茂，绿波翻涌。焦躁的阳光被葱郁的绿色林海阻隔，林间散发着潮湿、清新的气息……记者来到了山西省平朔安太堡露天煤矿南排土场土地复垦区。谁能想到，昔日寸草不生、荒无人烟的晋北不毛之地，现今竟俨如一带"原始森林"！

"这里的小气候已经形成。"随行的中国地质大学（北京）教授白中科介绍说。经过近20年的培育，这片被人们称为我国矿山土地复垦"井冈山"的矿区，已经成为矿山土地复垦生态恢复的楷模。

在这片占地2700亩、植被覆盖率高达95%的莽莽绿野不远处，是安家岭露天矿施工现场。遥望万顷煤海，似连阡累陌的"黑色"梯田，一辆辆巨型载重机车，载满乌金，在"田"间路上穿梭奔忙……

中煤平朔煤业有限公司党委书记王天润自豪地对记者说，公司成立近30年，始终坚持"黑色"、"绿色"两条产业同步发展。我们所看到的林海，只是他们土地复垦的一个缩影。他们的矿区，不光有乌金、林海，更有良田、草场、畜牧基地、生态园林……

投入26亿元　复垦土地3万余亩

平朔矿区地处晋北宁武煤田北端，井田面积176.3平方公里，现有煤炭资源储量96亿吨，是国内最大的露井联采煤炭生产基地、全国14个亿吨级煤炭基地之一。工作人员向记者介绍，平朔矿目前已建成5座千万吨级高产高效矿井，生产能力1亿吨，即将投产的东露天煤矿设计能力2000万吨。截至2010年底，公司已累计生产原煤7.47亿吨，累计实现工业产值1416亿元。

上世纪80年代，中美合作平朔安太堡露天煤矿建成投产。安太堡矿引进国外的先进技术、设备、管理经验和优秀人才，推动中国露天采煤跨越了与发达国家近30年的差距。而其中，矿山环境治理的先进理念和实践，是最突出的亮色之一。从1985年建矿起，平朔公司就将土地复垦纳入整体规划，始终坚持生产经营与环境保护同步规划、同步实施、同步发展。开矿的同时，不断加大土地复垦和环境保护力度，因地制宜发展绿色生态产业。三十年如一日，从未中断。

王天润向记者亮出一组数字：到目前为止，平朔公司已完成矿区土地复垦总面积3.1万亩，矿区土地复垦率达到50%以上，排土场植被覆盖率达到90%以上。累计投入各类环保资金26亿多元，其中土地复垦资金10亿多元，这笔土地复垦资金全部由企业自筹，打入了生产成本。

"我们现在成为不折不扣的'大地主'了！"王天润笑言。这些年，公司在做好生态环境治理的同时，开始琢磨复垦土地的循环利用。他们利用复垦土地发展现代农业，投入上亿元建设生态产业示范工程，相继搞起了日光温室种植、食用菌栽培、中药材种植等示范基地，建起了牛、羊、鸡、猪等矿区规模养殖基地。与以煤炭生产为主线的"黑色"工业产业链并行不悖，以土地复垦为主线的农—林—牧—药—观光旅游"绿色"生态产业链初具规模。

王天润说，这就叫作"将资源吃干榨净"。

千秋功业　科学为本

在平朔万亩土地复垦区，记者看到平整一新的农田里庄稼长势喜人，种植着紫花苜蓿、柠条等各色先锋植物的草场一片葱茏，乔、灌、草紧密结合的绿色生态基地生机盎然……想到这里几年前还是一片黑色矿区，令人不禁心生沧海桑田的感慨。

"从'黑色'到'绿色'，这一步跨越，需要理念，需要资金，但最最重要的，需要科学。"同行的国土资源部土地整理中心总工程师罗明感慨。

长期以来，业界专家对国内土地复垦有着"春风不度玉门关"的遗憾。1988 年《土地复垦规定》的颁布，虽然明确了"谁破坏、谁复垦"的基本原则，但资金保障、政府监管、企业监督制约等制度设计方面的先天不足，以及矿产资源廉价造成企业亏损的现实窘境，导致复垦规定明存实亡。2011 年 3 月 5 日，国务院正式颁布施行《土地复垦条例》，中国土地复垦事业迎来了春天。"但这个春天，仍然春寒料峭。"业界专家称，家底不清、标准不细、社会认知度不够，特别是科技意识和手段的欠缺是中国目前土地复垦面临的严峻考验。

平朔公司之所以能够在大环境并不景气的情况下，将这项功在当代、利在千秋的基业打造得风生水起，恰恰源于其对科学的尊重。

平朔矿区高寒、干旱，水蚀、风蚀严重，自然环境恶劣，实施土地复垦面临诸多科技攻关课题。据了解，为搞好矿区土地复垦，平朔矿区多年来先后与中国地质大学（北京）、山西省生物研究所、国土资源部土地整治重点实验室等国内 10 余家科研院所合作，研究出了原地貌生态环境整治中不常见的"地貌重塑、土壤重构、植被重建、景观再现与生态系统建设、生物多样性重组与保护"技术体系，并通过大量的实践，总结出适宜于半干旱黄土区采煤废弃地生态重建的理论与方法。2005 年 5 月，平朔矿与中国地质大学共建了土地资源可持续利用产学研基地，2010 年又与国土资源部土地整理中心重点实验室、中国地质大学共同承担国家级野外观测基地的课题。

产、学、研相结合的科技支撑保障了土地复垦质量。矿区三个露天矿每年为满足生产需要，占用地破坏面积在 4500 亩～5000 亩，复垦工作量巨大。但在矿区统一编制的水土保持、土地复垦规划指导下，矿区独创的"采、运、排、复垦"一条龙作业法日臻完善，土地复垦工作有条不紊推进，一系列管理举措、科技手段保证了占用地在破坏后 5～6 年达到原地貌生态系统，8～10 年优于原地貌生态系统。

"看一个地区的生态好不好，一看植被覆盖率，二看野生动物来不来。"

白先科说。据山西省生物研究所调查，平朔矿区现有各类植物213种，昆虫600余种，动物30余种，矿区生物多样性日益凸显。雁北地区很难存活的刺槐、沙打旺等植物在平朔矿区长势良好。同时也招引来了多种动物，如蛙类、蛇类、野兔、野鸡、石鸡、刺猬、鼠类、狗獾、狍子、狐狸等来此定居，这里已俨然成为黄土高原上难得的绿色野生生态园。

瞄准辉煌　再立标杆

近30年不懈的土地复垦，彰显了平朔公司作为企业的社会良知，同时也为企业自身创造了丰厚的财富，实现了经济效益、社会效益、生态效益三丰收。

目前矿区已复垦的3万余亩土地上，牧草、树木和庄稼长势良好，矿区附近农村饲养了约3000~4000头牲畜，常年在复垦区放牧。在安太堡矿内排土场建设了130个日光温室和1个年出栏4000只肉羔羊的养殖场，另有1个17000平方米的智能温室和200个日光温室，将于今年8月底建成。工作人员告诉记者，按照"企业＋农户"的运营模式，由企业投资建设蔬菜大棚，每个占地1亩，建成后由农民租赁经营，年产蔬菜2.5万斤，产值3万~5万元，净利润1.5万~2万元，实现政府、企业、农民三方利益共享。

土地复垦造就了新资源，创造了新的生产力。王天润告诉记者，平朔矿区开发年限预计将持续到2095年，矿区面积将达380公顷，按照矿区土地复垦以每年200公顷的速度扩展，复垦面积将达到1.8万公顷。也就是说，平朔公司经过持续近百年的开发，将为社会增加27万亩的优质土地。这称得上是造福千秋万代的"世纪工程"。

绿野乌金奏鸣曲，谱写平朔好风光。"十二五"期间，平朔公司将全力打造以煤为基础的煤—电—硅铝—煤化工—建材工业产业链和以土地绿化复垦为主线的农—林—牧—药—工业旅游生态产业链，投入生态产业链建设的资金预计达63亿元。他们提出的目标是，大力发展循环经济，努力实现累计投资和销售收入两个超千亿的历史跨越，再造一个新型国家级生态示范矿区。

矿山用地的文章做不完。记者了解到，矢志要做全国矿山生态环境恢复治理标杆企业的平朔公司，目前正在探索一个全新的课题——如何创新矿业用地老模式。

据悉，今年年初，国土资源部和山西省已将平朔公司列为采矿用地改革试点单位，原则上同意在不改变农村土地所有权性质、不改变土地规划的前提下，采矿用地实现"以租代征"，租用土地经过3~5年的综合治理后，将恢复好的耕地和建设的生态农业设施返还给农民。山西省国土资源厅耕保处处长赵勤正表示："这一步改革棋子若能落地，必将是政府、企业、农民三方均得利，平朔又将为山西乃至全国的矿业用地改革再立新标杆。"

我们期待，平朔——这一改革开放年代最早开辟的试验田，再结丰硕果实！

资料来源：《中国国土资源报》，作者：张晏

（2）实现露天煤矿的大型化及连续化。露天煤矿目前向大型化发展，大型化的优势是可以达到规模效益，进而使单位碳排放量降低。露天煤矿作业环节的连续化可以减少间断环节的耗能，从而减少碳排放量。

（3）对于在建设过程中的新建露天煤矿，要从建设阶段就使碳排放尽可能地少。如采用绿色建筑等，最终实现露天煤矿行业的低碳化。

（4）进一步提高资源回收率，通过煤层顶板清理的加强，减少煤岩混杂，提高资源回收率，最终降低吨煤碳排放量。

（5）加强煤层防火管理，减少煤层自燃损失，减少自燃引起的碳排放量。

（6）淘汰落后产能。优化生产组织，优化生产工艺，减少能源消耗，在生产工艺的选型和设备更新过程中，逐步淘汰小型设备，增加大型车辆，如有些卡车能耗高，效率低，应逐步淘汰。不断以高效低耗设备代替高耗设备。

（7）加强露天煤矿员工的低碳意识教育，鼓励员工在减少碳排放量或节能减排方面多提建议，达到全员低碳的效果。在全矿范围内大力开展节能减排宣传工作，对露天矿主要生产设备的效率、能耗进行有效监督，合理优化耗能，实现节能降耗。

（8）加强对地面车辆的管理，科学合理调配，合理安排车、铲，减少待装时间，高效使用车辆，严格用油管理，认真核算单车油耗。

（9）优化爆破参数设计，减少火工品消耗，从而减少炸药引起的碳排放量。

（10）积极尝试新的碳减排技术理念。据报道，美国某燃料开发公司的一座露天矿利用露天坑道来收集甲烷供发电机组发电，所发电能出售给当地的电力公司（《煤炭加工与综合利用》，2000年第3期）。在适用该技术的露天煤矿也可尝试，减少逸散排放。

（11）实施"包机制"管理制度。将包机组人员的工资收入与该包机组完成的工作量及材料、燃油消耗量挂钩，多劳多得，节约有奖，超耗处罚。这对提高设备使用效率和保持设备的健康水平有着非常积极的作用。"包机制"管

理制度对降低能耗及费用起到了积极有效的作用。

通过上述碳减排途径，可得出露天煤矿主要的碳减排途径见图6-2：

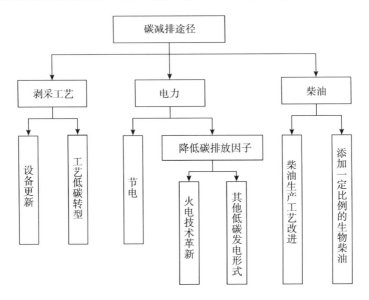

图6-2 碳减排途径结构图

6.6 露天煤矿碳减排量核算

6.6.1 露天煤矿碳排放敏感性分析

技术经济学中的敏感性分析主要分析不确定因素变化一定幅度时对方案经济效果的影响程度，并将其中对方案经济效果影响程度较大的因素，称为敏感性因素。将该方法应用到露天煤矿碳排放敏感因素的分析中，是指分析可能对露天煤矿碳排放产生影响的各种不确定因素在变化一定幅度时对露天煤矿碳排放量的影响程度。

设定敏感因素为碳排放因子，分别为电力碳排放因子、柴油碳排放因子、炸药碳排放因子、逸散碳排放因子。其变化幅度为±30%。仍然以五个工艺为例，进行敏感性分析。

工艺一的敏感性分析表见表6-6，对应画出工艺一的敏感性分析图见图6-3。

表6-6 工艺一的碳排放敏感分析表

变化幅度	-30	-20	-10	0	10	20	30
柴油碳排放因子	205392.46	218218.71	231044.96	243871.21	256697.47	269523.72	282349.97
电力碳排放因子	221232.18	228778.53	236324.87	243871.21	251417.56	258963.90	266510.24

从表6-6中可以看出,随着变化幅度以相同的步长增长,柴油和电力的碳排放量都成比例增加,而且柴油造成碳排放量的增加速度要大于电力形成的碳排放量。

从图6-3中可以直观地看到两种不同碳排放源形成碳排放量的差异,柴油碳排放因子变化对于整体碳排放量造成的影响占据重要地位,当因子较小时,柴油燃烧形成的碳排放量小于电力碳排放;随着碳排放因子的不断增加,柴油碳排量增长的速度大于电力的碳排放量,并在某一位置超过电力碳排放量。

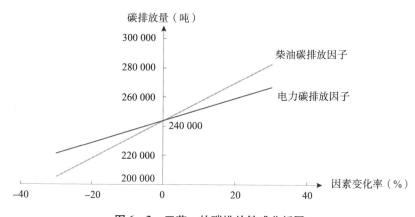

图6-3 工艺一的碳排放敏感分析图

同理,其他四种工艺的敏感性分析表和敏感性分析图分别为表6-7到表6-10和图6-4到图6-7。

表6-7 工艺二的碳排放敏感分析表

变化幅度	-30	-20	-10	0	10	20	30
柴油碳排放因子	216305.5708	228460.7804	240615.99	252771.1996	264926.4092	277081.6188	289236.8284
电力碳排放因子	225449.0435	234556.4289	243663.8143	252771.1996	261878.585	270985.9704	280093.3557

排放因子的变化诱发总体碳排放量随之变化,碳排放量与柴油、电力碳排放因子呈线性关系。

从图6-4中可以直观地看出排放因子与碳排放量的线性关系,且柴油碳排放因子对于总体碳排放的敏感性高于电力排放因子。

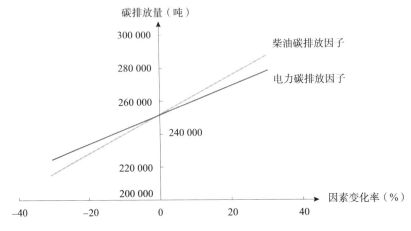

图 6-4 工艺二的碳排放敏感分析图

表 6-8 工艺三的碳排放敏感分析表

变化幅度	-30	-20	-10	0	10	20	30
柴油碳排放因子	214750.22	226681.75	238613.28	250544.81	262476.34	274407.87	286339.40
电力碳排放因子	223219.53	232327.96	241436.39	250544.81	259653.24	268761.67	277870.09

　　柴油和电力排放因子对于工艺三的影响同样非常直观，较工艺一和工艺二的敏感性略有降低，但趋势性非常明显。

　　图 6-5 揭示了碳排放量与柴油和电力碳排放因子直接的密切关系，柴油的碳排放因子在工艺三中的敏感性依然高于电力碳排放因子。

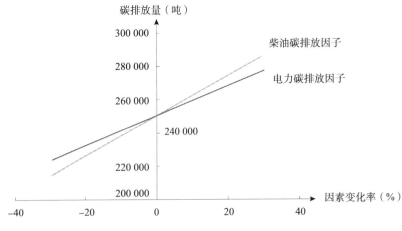

图 6-5 工艺三的碳排放敏感分析图

表 6 - 9　工艺四的碳排放敏感分析表

变化幅度	- 30	- 20	- 10	0	10	20	30
柴油碳排放因子	205757.48	216402.84	227048.20	237693.57	248338.93	258984.29	269629.66
电力碳排放因子	210365.16	219474.63	228584.10	237693.57	246803.04	255912.50	265021.97

在工艺四中,柴油碳排放因子与电力碳排放因子对整个工艺的碳排放量影响效果接近相同,都表现为随着碳排放因子的增长而增加。

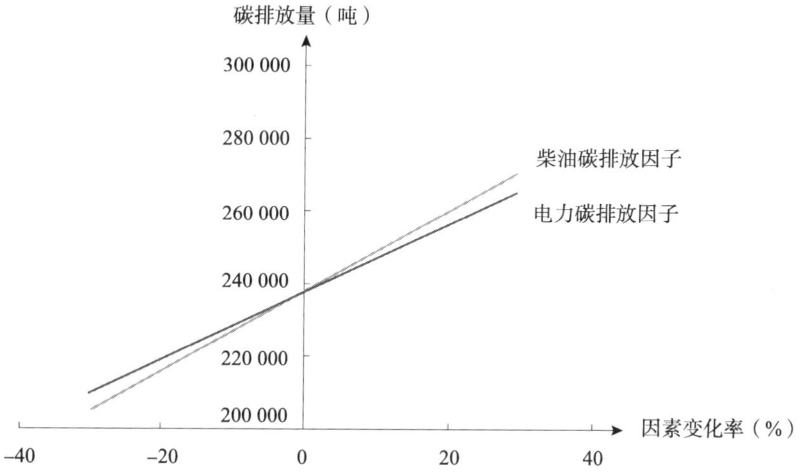

图 6 - 6　工艺四的碳排放敏感分析图

工艺四中柴油碳排放因子变化时对整个工艺碳排放的敏感影响略高于电力碳排放因子,随着露天矿产量的增加和能源消耗量的变化,这个差距将被进一步拉大,因此,在条件允许、产量较大时,选择电力作为主要能源还是更具低碳效益的。

表 6 - 10　工艺五的碳排放敏感分析表

变化幅度	- 30	- 20	- 10	0	10	20	30
柴油碳排放因子	211031.53	222431.81	233832.10	245232.39	256632.67	268032.96	279433.25
电力碳排放因子	217907.11	227015.53	236123.96	245232.39	254340.81	263449.24	272557.67

表 6 - 10 和图 6 - 7 显示,柴油和电力碳排放因子对于碳排放总量的影响与前面四个工艺相同,也再一次论证了柴油和电力是露天矿的碳排放源,二者的变化对于露天矿的碳排放有直接影响。

通过敏感性分析可知,五种工艺的最敏感因素为柴油碳排放因子,其次是

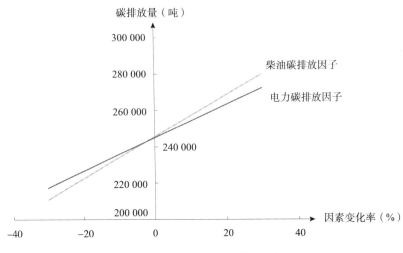

图 6 – 7 工艺五的碳排放敏感分析图

电力碳排放因子。但是随着工艺的不同，两者的敏感程度差距不同。工艺四中柴油碳排放因子和电力碳排放因子的敏感性差别最小。

6.6.2 单位产值碳排放变化幅度和核算

由于我国承诺的碳排放量减排幅度是以单位产值的碳排放量为衡量基准，所以在量化碳减排量时按单位产值的碳排放量进行核算。假设总产值不变，某项碳减排途径实现以后，计算单位产值碳排放量下降的幅度。

假设 a 为碳减排前的碳排放量，b 为碳减排后的碳排放量，c 为工业生产总值，则单位产值的碳排放量下降幅度为：

$$\frac{\dfrac{a}{c} - \dfrac{b}{c}}{\dfrac{a}{c}} = \frac{a-b}{a}$$

即，计算单位产值碳排放的下降幅度等于碳排放量的下降幅度。

（1）工艺变换的单位产值碳排放变化幅度。

为明确不同的碳减排途径所能实现的有益低碳效果，对其中的部分途径进行了量化对比，根据既有数据对不同的露天开采工艺单位产值的碳排放量进行对比，计算得出变化幅度见表 6 – 11，该表中数据的计算方法为：

$$n = \frac{a-b}{b} \times 100\%$$

计算得到的数据有正负之分，负数表示增加幅度，正数表示降低幅度。同时由于两个开采工艺调换对比顺序，所得结果不具有对称性。

表6-11 不同工艺间的碳排放差异幅度（%）

降低百分比（%）	间断/间断	间断/半连续（地面破碎）	间断/半连续（端帮半固定破碎）	间断/半连续（坑底自移式）	间断/半连续（半坑底自移式，半地面破碎）
间断/间断	0.00	-3.65	-2.74	2.53	-0.56
间断/半连续（地面破碎）	3.52	0.00	0.88	5.96	2.98
间断/半连续（端帮半固定破碎）	2.66	-0.89	0.00	5.13	2.12
间断/半连续（坑底自移式）	-2.60	-6.34	-5.41	0.00	-3.17
间断/半连续（半坑底自移式，半地面破碎）	0.56	-3.07	-2.17	3.07	0.00

从表6-11中可明确看出，不同工艺的碳排放量存在明显的差异，当电力碳排放因子为 $1.0069t/MWh$，柴油的碳排放因子为 $3.2t/t$ 时，结果显示间断/半连续（坑底自移式）工艺的碳排放量少于其他工艺，间断/间断工艺碳排放量次优，即，在目前的电力发展水平和柴油利用水平的基础上，间断/间断工艺的低碳效益是优于三种间断/半连续工艺的。

对比四种不同形式的半连续工艺，其区别主要集中在有无卡车运输环节及卡车运距的长短；破碎站位置越往上、卡车运距越长时，其碳排放量越大；半连续工艺的结构越复杂，环节越多，碳排放量也越大。在四种半连续工艺中，采用坑底自移式破碎机的碳排量较其余三种要小，地面破碎站半连续工艺的碳排放量最大。因此，半连续工艺应尽量减少卡车运距，甚至取消卡车，提升自移式破碎机的能力，以简化同一矿区的半连续工艺。

（2）火电碳排放因子。

中国地域辽阔，不同区域电网的碳排放因子各不相同，而且差异较大，这些数据在第3章的研究中已经列举出来。选取不同的碳排放因子进行计算，得到半连续工艺的碳排放量会有较大的差异，现在所采用的是华北地区碳排放因子，为 $1.0069t/MWh$，全国各个区域中的碳排放因子最小的是海南电网，其碳排放因子为 $0.8154t/MWh$。按照这两个碳排放因子计算五种不同开采工艺的碳排放量见表6-12。

表6-12　不同电力排放因子下五种工艺的碳排放量

项目	电力排放因子（t/t）	单位	间断/间断	间断/半连续（地面破碎）	间断/半连续（端帮半固定破碎）	间断/半连续（坑底自移式）	间断/半连续（半坑底自移式，半地面破碎）
碳排放量	1.0069	t	243871.21	252771.20	250544.81	237693.57	245232.39
碳排放量	0.8154	t	229519.00	235450.07	233221.70	220368.48	227909.28
降低幅度		%	5.89	6.85	6.91	7.29	7.06

如果电力碳排放因子由 1.0069t/MWh 降低到 0.8154t/MWh，则不同工艺时单位产值碳排放的降低幅度为 5.89% ~ 7.29%。

（3）电力从火电转换为其他电力。

根据碳减排的有益途径，如果采用其他的新型电力能源来代替火电，其低碳效益也非常明显，具体的变化幅度如表6-13所示。

表6-13　不同电力来源的碳排放量

序号	项目	电力碳排放因子（t/MWh）	单位	间断/间断	间断/半连续（地面破碎）	间断/半连续（端帮半固定破碎）	间断/半连续（坑底自移式）	间断/半连续（半坑底自移式，半地面破碎）	备注
1	火电碳排放量	1.0069	t	243871.21	252771.20	250544.81	237693.57	245232.39	中国
2	光伏碳排放量1	0.033	t	170881.01	164682.19	162445.73	149584.41	157133.30	中国
3	光伏碳排放量2	0.05	t	172155.09	166219.83	163983.55	151122.40	158671.12	中国
4	燃油碳排放量	0.525	t	207754.59	209183.46	206952.09	194095.86	201639.67	中国
5	燃气碳排放量	0.377	t	196662.54	195796.90	193564.00	180706.24	188251.57	中国
6	生物能碳排放量	0.409	t	199060.82	198691.29	196458.72	183601.29	191146.30	德国
7	风能碳排放量	0.024	t	170206.49	163868.14	161631.59	148770.17	156319.16	德国
1-2	变化幅度		%	29.93	32.47	33.39	38.66	35.57	
1-3	变化幅度		%	29.41	31.84	32.76	38.03	34.94	
1-4	变化幅度		%	14.81	14.22	15.14	20.41	17.32	
1-5	变化幅度		%	19.36	19.71	20.63	25.90	22.81	
1-6	变化幅度		%	18.37	18.53	19.44	24.71	21.62	
1-7	变化幅度		%	30.21	32.81	33.72	39.00	35.90	

当电力由火电变为燃油电力时，碳排放因子降低最少，由 1.0069t/MWh 降低到 0.525t/MWh，降低幅度达到 14.81% ~ 20.41%；当电力由火电变为

风电时，碳排放因子降低最多，由 1.0069t/MWh 降低到 0.024t/MWh，降低幅度达到 30.21% ~ 39.00%。

（4）柴油洁净技术。

除了改变电力来源之外，还可调节柴油成分来降低碳排量。参考巴西，柴油中分别混有 2% 和 5% 的生物柴油时，柴油的碳排放因子降低为 3.1744t/t 和 3.136t/t，按此标准进行碳减排效果计算，见表 6 – 14。

表 6 – 14　不同比例生物柴油对应的碳排放量

序号	项目	柴油碳排放因子（t/t）	单位	间断/间断	间断/半连续（地面破碎）	间断/半连续（端帮半固定破碎）	间断/半连续（坑底自移式）	间断/半连续（半坑底自移式，半地面破碎）
1	碳排放量	3.2	t	243871.21	252771.20	250544.81	237693.57	245232.39
2	碳排放量	3.1744	t	242845.11	251798.78	249590.29	236841.94	244320.36
3	碳排放量	3.136	t	241305.96	250340.16	248158.51	235564.49	242952.33
1 – 2	降低幅度		%	0.42	0.38	0.38	0.36	0.37
1 – 3	降低幅度		%	1.05	0.96	0.95	0.90	0.93

当柴油中混入 2% 的生物柴油时，单位产值碳排放降低幅度为 0.36% ~ 0.42%；当柴油中混入 5% 的生物柴油时，单位产值碳排放降低幅度为 0.90% ~ 1.05%。通过该途径降低单位产值碳排放的幅度较小。

从以上的量化计算可以看出，书中所提出的碳减排途径具有良好的低碳效益，工艺革新在目前还看不到明显的优势，但是随着电能的不断清洁化、低碳化，以后以电力为主的工艺必将占据露天矿开采的主导工艺地位。结合不同区域电网的电力排放因子和不同电力来源的排放因子可以看出，降低火电的排放因子将会有利于推进露天矿山生产的低碳化进程，采用新型清洁电能取代火电，也有利于露天矿山的低碳化发展。对于现在应用广泛的燃油类化石能源，采用先进技术，调节其成分，降低燃油燃烧时的碳排放量，也是降低碳排放的有效措施。

6.6.3　碳排放因子的均衡分析

（1）电力碳排放因子的均衡分析。

从表 6 – 13 和表 6 – 14，可以发现一个明显的现象。随着电力碳排放因子的变化，各个工艺的碳排放量发生变化，同时，不同工艺碳排放量大小的排序也发生变化。排序见表6-15。

表6-15 不同电力碳排放因子下不同工艺的碳排放量

序号	发电形式	电力碳排放因子（t/MWh）	单位	间断/间断	间断/半连续（地面破碎）	间断/半连续（端帮半固定破碎）	间断/半连续（坑底自移式）	间断/半连续（半坑底自移式，半地面破碎）
1	火电1	1.0069	t	243871.21	252771.20	250544.81	237693.57	245232.39
2	火电2	0.8154	t	229519.00	235450.07	233221.70	220368.48	227909.28
3	燃油	0.525	t	207754.59	209183.46	206952.09	194095.86	201639.67
4	生物能	0.409	t	199060.82	198691.29	196458.72	183601.29	191146.30
5	燃气	0.377	t	196662.54	195796.90	193564.00	180706.24	188251.57
6	光伏1	0.05	t	172155.09	166219.83	163983.55	151122.40	158671.12
7	光伏2	0.033	t	170881.01	163961.94	161725.48	148864.16	157133.30
8	风能	0.024	t	170206.49	163868.14	161631.59	148770.17	156319.16

以1~5表示碳排放总量由低到高的排序，从图6-8可以看出，随着电力碳排放因子的降低，间断/间断工艺的碳排放优势逐渐下降，从排位第二逐步下降到排位最后。如不考虑间断/间断工艺，其他四种工艺的相对排序是一致的，排序不受电力碳排放因子变化的影响。

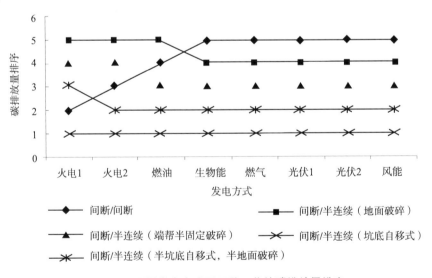

图6-8 不同发电方式下五种工艺的碳排放量排序

为了进一步找到临界电力碳排放因子，即电力碳排放因子为多大值时使用何种工艺碳排放水平低，运用均衡分析的方法进行研究。均衡分析的基础数据见表6–16。

表6–16 不同工艺碳排放源基础数据

项目	单位	间断/间断	间断/半连续 （地面破碎）	间断/半连续 （端帮半 固定破碎）	间断/半连续 （坑底自移式）	间断/半连续 （半坑底自移式， 半地面破碎）
电力消耗量	MWh	74946.31	90449.75	90460.10	90470.44	90460.10
柴油消耗量	t	40082.04	37985.03	37286.03	33266.76	35625.90
电力碳排放量	t	75463.44	91073.85	91084.27	91094.69	91084.27
柴油碳排放量	t	128262.53	121552.10	119315.30	106453.63	114002.88
炸药碳排放量	t	39425.00	39425.00	39425.00	39425.00	39425.00
逸散碳排放量	t	720.25	720.25	720.25	720.25	720.25
总碳排放量	t	243871.22	252771.20	250544.82	237693.57	245232.40

表6–16中的数据为当电力碳排放因子为1.0069t/MWh，柴油碳排放因子为3.2t/t时的碳排放量。

均衡分析的目的是找到两工艺之间的均衡碳排放因子。

碳排放总量与电力碳排放因子、柴油碳排放因子、逸散碳排放量、炸药碳排放量的关系为：

$$E = EF_d \cdot EG + EF_{cy} \cdot F + YE + BE$$

当两种工艺的碳排放总量相等时，则均衡电力碳排放因子公式：

$$EF_d^* = \frac{EF_{cy}(F_2 - F_1) + YE_1 - YE_2 + BE_1 - BE_2}{EG_1 - EG_2}$$

间断/间断工艺与间断/坑底自移式半连续工艺的均衡电力碳排放因子为：

$$EF_d^* = \frac{3.2 \times (33266.76 - 40082.04) + 720.25 - 720.25 + 39425 - 39425}{74946.31 - 90470.44}$$

$$= 1.4048t/MWh$$

即当$EF_d > 1.4048$ t/MWh时，间断/间断工艺的碳排放量小于间断/坑底自移式半连续工艺的碳排放量，间断/间断工艺碳排放量少；

当$EF_d = 1.4048$ t/MWh时，间断/间断工艺的碳排放量等于间断/坑底自移式半连续工艺的碳排放量；

当$EF_d < 1.4048$ t/MWh时，间断/间断工艺的碳排放量大于间断/坑底自移式半连续工艺的碳排放量，间断/坑底自移式半连续工艺碳排放量少。

同理得出间断/间断工艺与间断/半连续（半坑底自移式，半地面破碎）工艺的 EF_d 为 0.9192t/MWh；间断/间断工艺与间断/半连续（端帮半固定破碎）工艺的 EF_d 为 0.5767t/MWh；间断/间断工艺与间断/半连续（地面破碎）工艺的 EF_d 为 0.4328t/MWh。即当 EF_d 大于均衡因子时，间断/间断工艺优于对比的工艺，若 EF_d 小于均衡因子时，则对比的工艺优于间断/间断工艺。

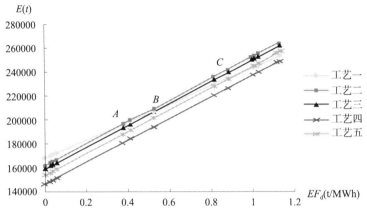

图 6 – 9　不同电力碳排放因子的五种工艺碳排放量

图 6 – 9 表示随着电力碳排放因子的变化，五种工艺总碳排放量发生变化，D 点坐标为（1.4048，273695.24），C 点坐标为（0.9192，237295.39），B 点坐标为（0.5767，211631.39），A 点坐标为（0.4328，2008483.17）。A 点表示工艺一与工艺二的交点，B 点表示工艺一与工艺三的交点，C 点表示工艺一与工艺五的交点，D 点表示工艺一与工艺四的交点。从图可知，随着电力碳排放因子的降低，五个工艺的碳排放量减少，工艺一的碳排放水平变为最差。因此，减小电力碳排放因子是一个很好的碳减排方向，同时也可以根据电力碳排放因子的变化来选择有益于低碳的工艺。

（2）柴油碳排放因子的均衡点。

当两种工艺下的碳排放量相等时，则均衡柴油碳排放因子公式为：

$$EF_{cy}^* = \frac{EF_d\,(F_2 - F_1)\ + YE_1 - YE_2 + BE_1 - BE_2}{EG_1 - EG_2}$$

间断/间断工艺与间断/坑底自移式半连续工艺的均衡柴油碳排放因子为2.2936t/t。

当 $EF_{cy} > 2.2936t/t$ 时，间断/间断工艺的碳排放量 > 间断/坑底自移式半连续工艺；

当 EF_{cy} < 2.2936t/t 时，间断/间断工艺的碳排放量 < 间断/坑底自移式半连续工艺。

当柴油全部为生物柴油时，则柴油碳排放因子为 1.92t/t。分析 EF_{cy} 在 0 ~ 3.2t/t 时不同工艺的碳排放变化。

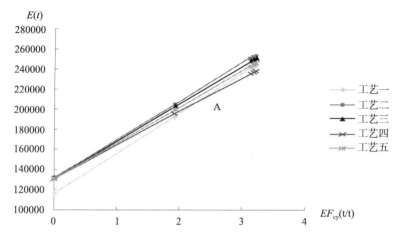

图 6 - 10　五种不同工艺柴油碳排放因子的碳排放量

图 6 - 10 表示随着柴油碳排放因子的减小，五种工艺下的总碳排放量也减少。A 点坐标为（2.2936，207540.86），A 点表示工艺一与工艺四的交点。从图 6 - 10 可知，工艺一的碳排放水平由次优变为最优。

6.6.4　同种工艺单位产值碳排放量降幅

假设电力碳排放因子和柴油碳排放因子同时降低，则五个工艺的碳排放量及降低幅度见表 6 - 17 到表 6 - 21，列表示电力碳排放因子，行表示柴油碳排放因子。

表 6 - 17　工艺一的单位产值碳排放量及碳排放降低幅度

柴油碳排放因子 / 碳排放量 / 电力碳排放因子	3.2	3.1744	3.136
1.0069	243871.22	242845.12	241305.97
0.8154	229519.00	228492.90	226953.75
0.525	207754.59	206728.49	205189.34

续表

电力碳排放因子 \ 柴油碳排放因子 碳排放量	3.2	3.1744	3.136
0.409	199060.82	198034.72	196495.57
0.377	196662.54	195636.44	194097.29
0.05	172155.09	171128.99	169589.84
0.033	170881.01	169854.91	168315.76
0.024	170206.49	169180.39	167641.24
电力碳排放因子	工艺一的单位产值碳排放降低幅度（%）		
1.0069	0.00	0.42	1.05
0.8154	5.89	6.31	6.94
0.525	14.81	15.23	15.86
0.409	18.37	18.80	19.43
0.377	19.36	19.78	20.41
0.05	29.41	29.83	30.46
0.033	29.93	30.35	30.98
0.024	30.21	30.63	31.26

表6-18 工艺二的单位产值碳排放量及碳排放降低幅度

电力碳排放因子 \ 柴油碳排放因子 碳排放量	3.2	3.1744	3.136
1.0069	252771.20	251798.78	250340.16
0.8154	235450.07	234477.66	233019.03
0.525	209183.46	208211.05	206752.42
0.409	198691.29	197718.88	196260.25
0.377	195796.90	194824.48	193365.86
0.05	166219.83	165247.42	163788.79
0.033	164682.19	163709.77	162251.15
0.024	163868.14	162895.72	161437.10

续表

电力碳排放因子 / 碳排放量 / 柴油碳排放因子	3.2	3.1744	3.136
电力碳排放因子	工艺二的单位产值碳排放降低幅度（%）		
1.0069	0.00	0.38	0.96
0.8154	6.85	7.24	7.81
0.525	17.24	17.63	18.21
0.409	21.39	21.78	22.36
0.377	22.54	22.92	23.50
0.05	34.24	34.63	35.20
0.033	34.85	35.23	35.81
0.024	35.17	35.56	36.13

表6-19　工艺三的单位产值碳排放量及碳排放降低幅度

电力碳排放因子 / 碳排放量 / 柴油碳排放因子	3.2	3.1744	3.136
1.0069	250544.82	249590.30	248158.51
0.8154	233221.71	232267.19	230835.41
0.525	206952.10	205997.58	204565.79
0.409	196458.73	195504.20	194072.42
0.377	193564.00	192609.48	191177.70
0.05	163983.55	163029.03	161597.25
0.033	162445.73	161491.21	160059.42
0.024	161631.59	160677.07	159245.28
电力碳排放因子	工艺三的单位产值碳排放降低幅度（%）		
1.0069	0.00	0.38	0.95
0.8154	6.91	7.30	7.87
0.525	17.40	17.78	18.35
0.409	21.59	21.97	22.54
0.377	22.74	23.12	23.70
0.05	34.55	34.93	35.50
0.033	35.16	35.54	36.12
0.024	35.49	35.87	36.44

表 6－20　工艺四的单位产值碳排放降低幅度

柴油碳排放因子 / 碳排放量 / 电力碳排放因子	3.2	3.1744	3.136
1.0069	237693.57	236841.94	235564.50
0.8154	220368.48	219516.85	218239.41
0.525	194095.86	193244.23	191966.79
0.409	183601.29	182749.66	181472.22
0.377	180706.24	179854.61	178577.17
0.05	151122.40	150270.77	148993.33
0.033	149584.41	148732.78	147455.33
0.024	148770.17	147918.54	146641.10
电力碳排放因子	工艺四的单位产值碳排放降低幅度（%）		
1.0069	0.00	0.36	0.90
0.8154	7.29	7.65	8.18
0.525	18.34	18.70	19.24
0.409	22.76	23.12	23.65
0.377	23.98	24.33	24.87
0.05	36.42	36.78	37.32
0.033	37.07	37.43	37.96
0.024	37.41	37.77	38.31

表 6－21　工艺五的单位产值碳排放降低幅度

柴油碳排放因子 / 碳排放量 / 电力碳排放因子	3.2	3.1744	3.136
1.0069	245232.40	242845.12	241305.97
0.8154	229519.00	228492.90	226953.75
0.525	207754.59	206728.49	205189.34
0.409	199060.82	198034.72	196495.57
电力碳排放因子	工艺五的单位产值碳排放降低幅度（%）		
0.377	196662.54	195636.44	194097.29

柴油碳排放因子 碳排放量 电力碳排放因子	3.2	3.1744	3.136
0.05	172155.09	171128.99	169589.84
0.033	170881.01	169854.91	168315.76
0.024	170206.49	169180.39	167641.24
1.0069	0.00	0.97	1.60
0.8154	6.41	6.83	7.45
0.525	15.28	15.70	16.33
0.409	18.83	19.25	19.87
0.377	19.81	20.22	20.85
0.05	29.80	30.22	30.85
0.033	30.32	30.74	31.36
0.024	30.59	31.01	31.64

从表 6-17 到表 6-21 可知，五种生产工艺均随着柴油碳排放因子和电力碳排放因子的下降，单位产值碳排放下降幅度逐渐增大，最高降幅可达 30%以上，五种工艺的最高降幅分别为 31.26%、36.13%、36.44%、38.31% 和 31.64%。五种工艺降幅不同的原因为不同工艺电力和柴油使用量及比例不同。同时也进一步说明降低这两个排放因子可以很好地实现碳排放量的降低。

6.7　本章小结

本章对露天煤矿的碳减排途径进行了细化研究，具体途径共分为五种，包括工艺角度、柴油角度、设备耗能角度、电力角度和其他角度。运用敏感性分析比较了电力碳排放因子和柴油碳排放因子的敏感程度，并对工艺、电力、柴油的单位产值碳减排幅度进行了核算，进而分析了电力碳排放因子和柴油碳排放因子对碳排放量的影响和工艺的影响。最后核算了电力碳排放因子和柴油碳排放因子同时降低时五种工艺的单位产值碳排放量下降幅度。

7 结论与展望

7.1 研究结论

煤炭是我国主要的能源产品和能源消费品。露天开采是煤炭的基本开采方式之一。研究露天煤矿的碳排放量核算及碳减排途径对我国露天煤矿的低碳发展具有重要意义。书中采用技术经济学、露天采矿学、IPCC 指南对露天煤矿的碳排放量核算和碳减排途径进行研究，得到了以下结论。

（1）基于露天煤矿的生产过程和国内外碳排放量核算方法，提出了露天煤矿碳排放量初步核算法和基于生产环节的露天煤矿碳排放量核算法。通过研究露天煤矿的生产特征，得出露天煤矿正常生产年的碳排放源主要包括直接和间接碳排放源。直接碳排放源包括柴油、汽油、炸药、自燃、逸散等。炸药源是指露天煤矿爆破作业中炸药爆炸产生的温室气体；自燃源是指露天煤矿采煤工作面长期暴露导致煤发生氧化反应引起的自燃和混入到排土场的煤或煤矸石的自燃；逸散源是指采矿活动对煤层原始状态造成了破坏，使原本在煤层中赋存的 CO_2 等温室气体排入到空气。间接碳排放源主要指电力，指的是发电过程中造成的碳排放。在对碳排放源辨识的基础上，构建了露天煤矿碳排放量初步核算模型。运用碳足迹中生命周期的思想，将露天煤矿的生产环节分成穿孔、爆破、采装、破碎、运输、排土、辅助七个环节，需要注意的是，破碎环节指的是破碎站对原煤进行破碎的碳排放，辅助环节是指辅助设备如炸药车、水泵等工作时产生的碳排放，同时结合露天煤矿的碳排放源加入逸散 、自燃，共九个部分构建了基于生产环节的露天煤矿碳排放量核算模型。

（2）对五种碳排放源碳排放因子的确定方法进行了细化研究。燃料类碳排放因子的确定按实际情况分为两种，两种方法均假设氧化因子为1，在燃料的碳含量和净发热值已知时，通过《IPCC 2006 年指南》中的核算方法计算得到燃料的碳排放因子。在燃料的碳含量和净发热值未知时，则采用《IPCC

2006 年指南》中的缺省碳排放因子。对 IPCC 缺省碳排放因子进行了转换处理，使其单位由 TJ/Gg 转换为 t/t，并将 CO_2、CH_4、N_2O 的排放因子通过 IPCC 第四次评估报告（2007）的全球增温潜势值（GWP）进行当量处理后转换得到总碳排放因子。基于炸药爆破的基本原理，提出了炸药碳排放因子的两种计算方法：碳平衡法和 B - Wilson 法，并运用两种方法分别核算了露天煤矿常用炸药的碳排放因子。逸散类碳排放因子采纳我国学者的已有研究结论。自燃类碳排放因子通过自燃源原煤或煤矸石的含碳量计算获得。

（3）应用露天煤矿碳排放量初步估算模型对安家岭、伊敏河、黑岱沟、布沼坝四个露天煤矿的碳排放量进行了核算。主要衡量指标为吨煤碳排放量和单位剥采碳排放量。伊敏河和黑岱沟根据所采用工艺系统的不同分成两个时间段进行比较。以单位剥采碳排放量为衡量标准时，碳排放水平由好到差的排序为黑岱沟 1、黑岱沟 2、伊敏河 2、布沼坝、安家岭、伊敏河 1。以吨煤碳排放量为衡量标准时，碳排放水平由好到差的排序为布沼坝、伊敏河 2、黑岱沟 1、黑岱沟 2、伊敏河 1、安家岭。对四个露天煤矿六种生产工艺系统的单位剥采碳排放量进行比较，得出的初步结论为：当剥离工艺为单斗—卡车间断工艺时，采煤工艺的碳排放水平为半连续（坑底自移）工艺优于半连续（半坑底自移，半地面破碎）工艺优于半连续（端帮破碎）工艺优于半连续（地面破碎）工艺。

（4）以伊敏河露天煤矿为例，研究了相同工艺系统不同产量时露天煤矿碳排放量的变化情况。随着产量的增加，露天煤矿的总碳排放量先降低后升高，吨煤碳排放量基本处于下降的趋势；随着剥采量的增加，露天煤矿的总碳排放量先降低后升高，单位剥采碳排放量一直处于下降的趋势，表明随着产量和剥采量的增加，单位碳排放量仍有下降的空间。

（5）运用基于生产环节的露天煤矿碳排放量核算模型，分析了在相同条件下五种不同生产工艺系统的碳排放水平。在相同剥离量和采煤量以及一定假设前提下进行核算，以碳排放总量为衡量指标，得到五种不同开采工艺系统的碳排放水平由优到劣的排序为：单斗—卡车/半连续（坑底自移式）＞单斗—卡车/单斗—卡车＞单斗—卡车/半连续（半坑底自移式、半地面破碎）＞单斗—卡车/半连续（端帮半固定自移式）＞单斗—卡车/半连续（地面破碎）。采煤工艺中不同形式的半连续工艺排序与四个露天煤矿六种工艺系统所得结论一致。

露天煤矿选择开采工艺时，如客观条件既可采用单斗—卡车间断工艺又可采用半连续工艺时，一般建议采用半连续工艺。而核算结果表明，采煤工艺使用单斗—卡车工艺在碳排放水平方面要优于某些半连续工艺，这是由于传统观点中电力不产生污染，而在碳排放的核算中包含电力这一间接碳排放源，且还是很重要的碳排放量来源，当不计入间接碳排放源电力引起的碳排放量后，碳排放水平由高到底的顺序则为：单斗—卡车/半连续（坑底自移式）＞单斗—卡车/半连续（半坑底自移式、半地面破碎）＞单斗—卡车/半连续（端帮半固定自移式）＞单斗—卡车/半连续（地面破碎）＞单斗—卡车/单斗—卡车，与传统观念相符。

（6）基于生产环节的露天煤矿碳排量核算方法对五种工艺系统的核算过程中进一步细化了穿孔、采装、运输、破碎四个环节的碳排放量核算，并特别提出了对四个环节和爆破环节碳排放水平的衡量指标：穿孔环节指标万米钻孔碳排放量；采装环节为万立方米采装碳排放量；运输环节指标为运煤（岩）卡车单位碳排放量和吨煤输送碳排放量；破碎环节指标为万吨煤破碎碳排放量；爆破环节指标为单位爆破碳排放量。在排土、辅助、自燃三个碳排放源未计入的情况下，碳排放量比例最大的为运输环节，约占50%，其次为采装环节，约占27%，排位第三的为爆破环节，约占16%，排位第四的是穿孔环节，约为4%，排位第五的为破碎环节，所占比例约为2%，第六位为逸散，不到1%。由此可知，运输和采装环节是露天煤矿碳排放量的最大来源。

（7）在政府间气候变化评估报告中，当温室效应累积年限发生变化，甲烷和氧化亚氮的全球增温潜势（GWP）值会呈现不同的变化趋势。以安家岭露天煤矿2010年碳排放量为例，当温室效应累积年限分别为20年、100年和500年时，采用报告中温室气体的GWP值分别核算其碳排放量，研究表明由于露天煤矿中甲烷和氧化亚氮的排放量很少，虽然GWP值差别很大，但是对露天煤矿碳排放总量的影响不超过1%，因此GWP值的变化所引起的碳排放量变化很小。然而露天煤矿的甲烷有两个来源，一是燃油的消耗释放甲烷，二是逸散源主要指甲烷的释放，逸散源是以估算形式进行核算的，若估算误差较大，则很有可能由于GWP值的变化，对露天煤矿的碳排放量产生较大的影响。并且甲烷和氧化亚氮作为主要的温室气体，GWP值的变化对地下开采煤矿或区域碳排放量的影响都很大，该因素值得引起注意。

（8）本书将时间因素引入到露天煤矿 n 年碳排放量的核算当中。在累积年限分别为20年、100年和500年，基于存留期内被平均吸收的假设，将三种温室气体的温室效应分散到计算期内的每一年，而非传统的一次性计入，推导出了三种温室气体基于时效性的一系列计算公式。该方法有效地反映了时间效应，并对时效性引入碳排放量核算进行了初步尝试。以安家岭露天煤矿为例，累积年限分别为20年、100年和500年时应用时效核算方法进行验证，该方法所计算的n年碳排放量小于传统算法。其随着累积年限的增大，n年碳排放量所占传统碳排放量的比例呈递减趋势。该方法说明了目前全球的温室效应仍是百年前发达国家高速发展过程排放的温室气体造成的，发达国家应对目前的碳减排负有不可推卸的义务。

（9）通过露天煤矿碳排放量的核算得到露天煤矿最主要的碳排放源为柴油和电力，进而得出露天煤矿的主要碳减排途径为工艺改进、电力转型、柴油净化、设备更新和其他途径。柴油碳减排指柴油碳排放因子的降低和露天煤矿的节油措施，柴油碳排放因子的降低主要是指在不影响设备工作的前提下，掺入一定比例的生物柴油。设备动力碳减排途径主要论证能完成相同工作量的采掘设备，电力驱动的碳排放量不一定绝对小于柴油驱动的碳排放量，两种动力设备的碳排放水平优劣与动力的碳排放因子相关。以 WK-27A 电力驱动挖掘机和日立建机生产的 EX5500-5 内燃机驱动挖掘机为例进行核算，WK-27A 的碳排放水平优于 EX5500-5，当电力碳排放因子低于 0.7315t/MWh 时，则结果相反。从工艺的角度提出了不同工艺的低碳化发展方向。电力碳减排又分两个方向，上游电厂电力碳排放因子的碳减排和下游露天煤矿的节电。火电碳排放因子的降低主要通过提高能源效率、电厂采用二氧化碳捕集和埋存技术、生物质共燃技术等方法，或采用清洁电力来源，如太阳能发电等。

（10）在总产值不变的情况，对五种不同生产工艺系统三种碳减排途径下单位产值碳排放量下降的幅度进行了核算。一是当工艺发生改变时碳排放量的变化及幅度；二是随着电力碳排放因子的降低，不同工艺系统的降幅达到30.21%~39.00%；三是随着柴油碳排放因子的降低，降低幅度为0.90%~1.05%。对电力碳排放因子和柴油碳排放因子进行均衡分析，得出了不同工艺间的均衡电力碳排放因子和柴油碳排放因子。核算了电力碳排放因子和柴油碳排放因子同时下降时五种工艺单位产值碳排放的降低幅度，以目前技术条件可达到的最低碳排放因子为基本条件，碳排放降低降幅可达到30%以上。

7.2 研究展望

（1）一般露天煤矿都有与其相对应的火力发电厂，本书只对露天煤矿生产环节的碳排放量进行了核算研究，对碳排放量的核算边界可以进一步延长研究。

（2）本书在基于生产环节的碳排放量核算模型的实例应用中，未将排土环节和辅助环节的碳排放量计入其中，在后续应该进一步研究以使模拟结果更接近现实。

（3）柴油碳排放因子和电力碳排放因子是露天煤矿碳排放量核算中很重要的两个因子。书中对燃料的碳排放因子仍然采用了《IPCC 2006 年指南》的缺省排放因子，后续应该对我国露天煤矿所使用燃料的碳排放因子进一步研究，可尝试通过测量或实验方法获得更适合我国露天煤矿的碳排放因子。我国露天煤矿瓦斯含量较低，今后的研究将结合现场实测，进一步提高瓦斯排放量的精确度。煤层自燃受到多个因素的影响，在不同的燃烧状态下产生的碳排放量不同，书中只对充分燃烧情况下的碳排放量进行核算，其他状态下的碳排放量将会在今后的研究中一步完善。

（4）基于时效性的露天煤矿碳排放核算方法仍处于尝试阶段，应进一步完善该模型，并尝试进行预测性的核算，而非只是实际发生的碳排放量的核算。对于应用方面，可以尝试将该模型应用到国家或其他行业的碳排放量核算当中。

（5）目前，露天煤矿卡车耗能为柴油。而汽车行业的能源动力已不再局限于此。《节能与新能源汽车产业规划（2012—2020 年）》中表示，发展节能与新能源汽车已成为全球汽车行业应对能源和环境问题的共同选择。新能源汽车按动力源主要分三种：混合动力汽车、纯电动汽车和燃料电池电动汽车。2012 年中国国际工业博览会在上海新国际博览中心举行，陕汽柴油/甲醇双燃料牵引车堪称国内首创。虽然以现有技术新能源卡车应用于露天煤矿还存在困难，但是未来有希望在露天煤矿推广应用新能源汽车。新能源能否应用于露天煤矿卡车、是否能降低碳排放量均有待于研究。

参考文献

［1］ 王晓霞．国外低碳经济发展情况以及对我国的启示［J］．科技创新导报，2010（28）：186．

［2］ 潘家华．低碳转型的背景与途径：从哥本哈根会议说起［J］．阅江学刊，2010（4）：85－89．

［3］ 方小林，高岚．我国电力行业的低碳策略［J］．全国商情（理论研究），2010（15）：19－23．

［4］ 我国国民经济和社会发展第十二个五规划纲要［OL］．人民网 http：//news. sina. com. cn/c/2011－03－17/ 055622129864. shtml.

［5］ 张国宝．张国宝同志在2010中国国际煤炭发展高层论坛开幕式上的致辞［OL］．2010. http：// www. snptc. com. cn/templates/list1/index. aspx？nodeid＝37&page＝Content Page&contentid＝20567.

［6］ 张绍良．我国煤炭产业面临的形势［OL］．http：//lcei. cumt. edu. cn/Item. aspx？bigid＝16&id＝387.

［7］ 臧文栓，陈甲斌，郭宝峰．煤炭行业形势分析及政策研究［J］．中国矿业，2007，16（9）：6－9．

［8］ 刘炯天．关于我国煤炭能源低碳发展的思考［J］．中国矿业大学学报（社会科学版），2011（1）：5－12．

［9］ 国家发展和改革委员会．煤炭工业"十一五"发展规划［OL］．

［10］ 刘灿伟．我国低碳能源发展战略研究［D］．山东大学，2010．

［11］ Jonathan，Sinton E. What goes up：Recent trends in China's energy consumption［J］．Energy Policy，2000，28（10）：671－687．

［12］ Siddigi T. A.，罗天祥．亚洲化石燃料利用所产生的二氧化碳排放：总的看法［J］．Ambio（中文版），1996，25（4）：228－231．

［13］ Streets D. G.，Jiang K.，Hu X. L.，etal. Recent reductions in China's greenhouse gas emissions［J］．Science，2001，30：1835－1837．

［14］ 孙建卫，赵荣钦，黄贤金，等.1995—2005年中国碳排放核算及其因素分解研究［J］．自然资源学报，2010，25（8）：1284－1295．

［15］胡秀莲．能源清单专题电力和煤炭子专题研讨会总结［OL］. 2003 – 08 – 08.

［16］才庆祥．齐聚银川　共话露采［J］．建设机械技术和管理，2010（8）：54 – 55.

［17］世界可持续发展工商理事会，国际能源署．水泥技术路线图2009—2050年碳减排目标（上）［J］．中国水泥，2010（6）：24 – 31.

［18］武娟妮，万红艳，陈伟强，等．中国原生铝工业的能耗与温室气体排放核算［J］．清华大学学报（自然科学版），2010，50（3）：407 – 410.

［19］低碳知识问答［J］．资源与发展2010年节能宣传周专刊，2012 – 12 – 04.

［20］谢军安，郝东恒，谢雯．我国发展低碳经济的思路与对策［J］．当代经济管理，2008（12）：1 – 7.

［21］王海霞．低碳经济发展模式下新兴产业发展问题研究［J］．生产力研究，2010（3）：14 – 16.

［22］张欣．中国发展低碳经济的机遇与挑战［J］．中国发展，2010，10（6）：9 – 12.

［23］张焕波．中国、美国和欧盟气候政策分析［M］．北京：社会科学文献出版社，2010.

［24］陈晓进．国外二氧化碳减排研究及对我国的启示［J］．国际技术经济研究，2006，9（3）：21 – 25.

［25］德国发展低碳经济的政策措施［OL］. http：//www. shandongbusiness. gov. cn/index/content/sid/82 148. html.

［26］董冬．日本低碳经济发展分析［D］．吉林：吉林大学，2010.

［27］蒲瑞丰，孙乔玉．温室气体减排与计量支撑［J］．中国计量，2010（7）：32 – 33.

［28］曲建升，曾静静，张志强．国际主要温室气体排放数据集比较分析研究［J］．地球科学进展，2008，23（1）：47 – 54.

［29］Johnston D. , Lowe R. , Bell M. An Exploration of the Technical Feasibility of Achieving CO_2 Emission Reductions in Excess of 60% Within the UK Housing Stock by the Year 2050 ［J］. Energy Policy, 2005（33）：1643 – 1659.

［30］Treffers T, Faaij A P C, Sparkman J, etal. Exploring the Possibilities for Setting up Sustainable energy Systems for the Long Term：Two Visions for the Dutch Energy System in 2050［J］. Energy Policy, 2005（33）：1723 – 1743.

［31］Kawase R, Matsuoka Y, Fujino J. Decomposition Analysis of CO_2 Emission in Long – term Climate Stabilization Scenarios ［J］. Energy Policy, 2006（34）：2113 – 2122.

［32］Koji Shimada, Yoshitaka Tanaka Kei Gomi Yuzuru Matsuoka. Developing a Long termLocal Society Design Methodology Towards a Low – carbon Economy：An Application to Shiga Prefecture in Japan ［J］. Energy Policy, 2007,（35）：4688 – 4703.

［33］Sovacool B K, Brown M A. Twelve Metropolitan Carbon Footprints：A Preliminary Comparative Global Assessment ［J］. Energy Policy, 2010, 38（9）：4856 – 4869.

［34］Kenny T, Gray N F. Comparative Performance of Six Carbon Footprint Models for Use in Ireland ［J］. Environmental Impact Assessment Review, 2009（29）：1 – 6.

［35］ Bicknell K, Ball R, Ross C, etal. New Methodology for the Ecological Footprint with an Application to the New Zealand Economy ［J］. Ecological Economics, 1998, 27（2）: 149 - 160.

［36］ Lenzen M, Murray S A. A Modified Ecological Footprint and Its Application to Australia ［J］. Ecological Economics, 2001, 37: 229 - 255.

［37］ Wackernagel M, Rees W. Our Ecological Footprint: Reducing Human Impact on the Earth ［M］. Philadelphia: New Society Publishers, 1995.

［38］ Shimada K, Tanaka Y, Gomi K, etal. Developing a long - term local society design methodology towards a low - carbon economy: An application to Shiga Prefecture in Japan ［J］. Energy Policy, 2007, 6（35）: 4688 - 4703.

［39］ 张淑媛. 浅谈中国能源经济的发展 ［J］. 中国商界, 2010（3）: 155 - 156.

［40］ 刘红光, 刘卫东. 中国工业燃烧能源导致碳排放的因素分解 ［J］. 地理科学进展, 2009, 28（2）: 285 - 292.

［41］ 姜克隽, 胡秀莲, 庄幸, 等. 中国2050年低碳情景和低碳发展之路 ［J］. 中外能源, 2009, 14（6）: 1 - 7.

［42］ 高树婷, 张慧琴, 杨礼荣, 等. 我国温室气体排放量估测初探 ［J］. 环境科学研究, 1994, 7（6）: 56 - 59.

［43］ 岳超, 王少鹏, 朱江玲, 等. 2050年中国碳排放量的情景预测——碳排放与社会发展 Ⅳ ［J］. 北京大学学报（自然科学版）, 2010, 46（4）: 517 - 524.

［44］ 王娟, 杨海真, 陆志波. 中国能源需求展望及二氧化碳排放情景分析 ［A］. 第二届中国能源科学家论坛论文集 ［C］. 江苏, 徐州, 2010（10）: 1299 - 1305.

［45］ 徐国泉, 刘则渊, 姜照华. 中国碳排放的因素分解模型及实证分析: 1995—2004 ［J］. 人口资源与环境, 2006, 16（6）: 158 - 161.

［46］ 董军, 张旭. 中国工业部门能耗碳排放分解与低碳策略研究 ［J］. 资源科学, 2010, 32（10）: 1856 - 1862.

［47］ Wu L, Kaneko S, Matsuoka S. Dynamics of energy - related CO_2 emissions in China during 1980 to 2002: The relative importance of energy supply - side and demand - side effects ［J］. Energy Policy, 2006, 34: 3549 - 3572.

［48］ Wang C, Chen J, Zou J. Decomposition of energy - related CO_2 emissions in China: 1957—2000 ［J］. Energy, 2005, 30, 73 - 80.

［49］ Lan Cui Liu, Ying Fan, Gang Wu, etal. Using LMDI method to analyze the change of Chinaps industrial CO_2 emissions from final fuel use: An empirical analysis ［J］. Energy Policy, 2007, 35: 5892 - 5900.

［50］ 孙建卫, 陈志刚, 赵荣钦, 等. 基于投入产出分析的中国碳排放足迹研究 ［J］. 中国人口资源与环境, 2010, 20（5）: 28 - 34.

［51］ 郭运功. 特大城市温室气体排放量测算与排放特征分析: 以上海为例 ［D］. 上海:

华东师范大学, 2009.

[52] 张德英. 我国工业部门碳源排碳量估算办法研究 [D]. 北京: 北京林业大学, 2005.

[53] 张德英, 张丽霞. 碳源排碳量估算办法研究进展 [J]. 内蒙古林业科技, 2005 (1): 20-23.

[54] 王雪娜. 我国能源类碳源排碳量估算办法研究 [D]. 北京: 北京林业大学, 2006.

[55] 王雪娜, 顾凯平. 中国碳源排碳量估算办法研究现状 [J]. 环境科学与管理, 2006, 31 (4): 78-80.

[56] 杨光. 低碳发展模式下中国核电产业及核电经济性研究 [D]. 北京: 华北电力大学, 2010.

[57] 郑爽, 王佑安, 王震宇. 中国煤矿抽放瓦斯和利用 [J]. 煤矿安全, 2003, 34 (9): 4-6.

[58] 郑爽, 王佑安, 王震宇. 中国煤矿甲烷向大气排放量 [J]. 煤矿安全, 2005, 36 (2): 29-33.

[59] 林炳煌, 鲍健强, 叶瑞克. 区域二氧化碳排放量核算方法研究 [A]. 第二届中国能源科学家论坛论文集 [C]. 江苏, 徐州, 2010.10: 389-393.

[60] 赵荣钦, 黄贤金, 高珊, 等. 江苏省碳排放测算与减排潜力分析 [A]. 第二届中国能源科学家论坛论文集 [C]. 江苏, 徐州, 2010.10: 1762-1767.

[61] 赵红泽, 张瑞新, 吴多晋, 等. 大型露天煤矿拉铲倒堆工艺低碳效益分析 [A]. 第二届中国能源科学家论坛论文集 [C]. 江苏, 徐州, 2010.10: 1758-1761.

[62] 才庆祥, 刘福明, 陈树召. 露天煤矿温室气体排放计算方法 [J]. 煤炭学报, 2012, 37 (1): 103-106.

[63] 马忠海. 中国几种主要能源温室气体排放系数的比较评价研究 [D]. 北京: 中国原子能科学研究院, 2002 (6).

[64] 马忠海, 潘自强, 贺惠民. 中国煤电链温室气体排放系数及其与核电链的比较 [J]. 核科学与工程, 1999, 19 (3): 268-274.

[65] 张幼蒂. 现代露天开采技术国际发展与我国露天采煤前景 [J]. 露天采矿技术, 2005 (3): 1-3.

[66] 张幼蒂, 才庆祥, 李克民, 等. 世界露天开采技术发展特点及我国露天采煤科研规划建议 [J]. 中国煤炭, 1996 (10): 10-14.

[67] 中华人民共和国国家统计局. 2010 年中国统计年鉴 [M]. 北京: 中国统计出版社, 2010.

[68] 路占元, 董向忠, 蒯本秋. 我国露天煤矿技术发展方向 [J]. 煤炭技术, 2007, 26 (4): 1-2.

[69] 张幼蒂. 现代露天开采技术国际发展与我国露天采煤前景 [J]. 露天采矿技术, 2005 (3): 1-3.

[70] 姬长生. 我国露天煤矿开采工艺发展状况综述 [J]. 采矿与安全工程学报, 2008

（3）：297－300.

［71］马培忠，才庆祥，徐志远. 中国露天煤炭事业发展报告［M］. 北京：煤炭工业出版社，2010.

［72］姬长生. 露天矿生产工艺系统分类的思考［J］. 中国矿业，2011（11）.

［73］Wiedmann T, Minx J. A Definition of Carbon Footprint［EB/OL］. 2007. http：//www. censa. org. uk/docs/ISA2UK Report 07－01 carbon footprint. pdf.

［74］Bp. What is a Carbon Footprint［EB/OL］. http：//www. bp. com/liveassets/bp internet/globalbp/ STAGING/global assets/downloads/A/ABP ADV what on earth is a carbon footprint. Pdf.

［75］Energetics. The Reality of Carbon Neutrality［EB/OL］. http：//www. energetics. com. au/file? nodeid＝21－28.

［76］E, Rees W. Ecological footprints and appropriated carrying capacity：what urban economics leaves out［J］. Environment and Urbanization，1992，2：121－130.

［77］T J, Peck S C. Teisberg, Optimal carbon emissions trajectories when damages depend on the rate or level of global warming［J］. Climatic Change，1994，28（3）：289－314.

［78］罗芬，钟永德. 碳足迹研究进展及其对低碳旅游研究的启示［J］. 世界地理研究，2010，19（3）：105－112.

［79］Matthews H S, Hendrickson C, Weber C. The importanceof carbon footprint estimation boundaries［J］. Environmental Science & Technology，2008，42：5839－5842.

［80］苏振锋. "低碳经济、生态经济、循环经济和绿色经济的联系与区别"等三则［J］. 中国集体经济，2010（7）：21－24.

［81］卞晓红，张邵良. 碳足迹研究现状综述［J］. 环境保护与循环经济，2010（10）：16－18.

［82］王微，林剑艺. 碳足迹分析方法研究综述［J］. 环境科学与技术，2010，33（7）：72－78.

［83］世界资源研究所，世界可持续发展工商理事会. 温室气体议定书企业核算与报告准则，2004（3）.

［84］Norgate T, Haque N, Energy and greenhouse gas impacts of mining and mineral processing operations［J］. Journal of Cleaner Production，2010，18（3）：266－274.

［85］Carras, John N, Stuart J, etal. Greenhouse gas emissions from low－temperature oxidation and spontaneous combustion at open－cut coal mines in Australia［J］. International Journal of Coal Geology，2009，78（2）：161－168.

［86］政府间气候变化专业委员会. IPCC第二次评估报告［R］. 1995.

［87］政府间气候变化专业委员会. IPCC第三次评估报告［R］. 2001.

［88］政府间气候变化专业委员会. IPCC第四次评估报告［R］. 2007.

［89］陆明. 炸药的分子与配方设计［M］. 北京：兵器工业出版社，2004.

［90］张萌. 露天矿爆破工程［M］. 徐州：中国矿业学院出版社，1986.

［91］Ling, LIN. Enterprise Greenhouse Gas Accounting and Reporting［M］. The Standard Publishing House of China，2011.

［92］骆中州. 露天采矿学［M］. 徐州：中国矿业学院出版社，1986.

［93］郑宝山，蒋九余，王兴理，等. 温室效应与全球变化问题探讨［J］. 矿物岩石地球化学通讯，1992（2）：97－100.

［94］王志文，张方. 我国开征碳税的碳减排效果分析［J］. 沈阳工业大学学报（社会科学版），2012，5（1）.

［95］熊焰. 低碳转型路线图（国际经验、中国选择与地方实践）［M］. 北京：中国经济出版社，2011.

［96］邢继俊，黄栋，赵刚. 低碳经济报告［M］. 北京：电子工业出版社，2010.

［97］世界风力发电网. http：//www. 86wind. com/html/2008－04/fenglifadian－10275. htm.

［98］中国资源综合利用协会可再生能源专业委员会与国际环保组织绿色和平. 中国光伏产业清洁生产研究报告［R］. 2012.

［99］中国清洁发展机制网，http：//cdm. ccchina. gov. cn/web/NewsInfo. asp？NewsId＝5511.

附录 1 《京都议定书》

本议定书各缔约方，作为《联合国气候变化框架公约》（以下简称《公约》）缔约方，为实现《公约》第二条所述的最终目标，以及《公约》的各项规定，在《公约》第三条的指导下，按照《公约》缔约方会议第一届会议在第 1/CP. 1 号决定中通过的"柏林授权"，兹协议如下：

第一条

为本议定书的目的，《公约》第一条所载定义应予适用。此外：

1. "缔约方会议"指《公约》缔约方会议。

2. "公约"指 1992 年 5 月 9 日在纽约通过的《联合国气候变化框架公约》。

3. "政府间气候变化专门委员会"指世界气象组织和联合国环境规划署 1988 年联合设立的政府之间气候变化专门委员会。

4. "蒙特利尔议定书"指 1987 年 9 月 16 日在蒙特利尔通过、后经调整和修正的《关于消耗臭氧层物质的蒙特利尔议定书》。

5. "出席并参加表决的缔约方"指出席会议并投赞成票或反对票的缔约方。

6. "缔约方"指本议定书缔约方，除非文中另有说明。

7. "附件一所列缔约方"指《公约》附件一所列缔约方，包括可能作出的修正，或指根据《公约》第四条第 2 款（g）项作出通知的缔约方。

第二条

1. 附件一所列每一缔约方，在实现第三条所述关于其量化的限制和减少排放的承诺时，为促进可持续发展，应：

（a）根据本国情况执行和/或进一步制订政策和措施，诸如：

（一）增强本国经济有关部门的能源效率；

（二）保护和增强《蒙特利尔议定书》未予管制的温室气体的汇和库，同时考虑到其依有关的国际环境协议作出的承诺；促进可持续森林管理的做法、造林和再造林；

（三）在考虑到气候变化的情况下促进可持续农业方式；

（四）研究、促进、开发和增加使用新能源和可再生的能源、二氧化碳固碳技术和有益于环境的先进的创新技术；

（五）逐步减少或逐步消除所有的温室气体排放部门违背《公约》目标的市场缺陷、财政激励、税收和关税免除及补贴，并采用市场手段；

（六）鼓励有关部门的适当改革，旨在促进用以限制或减少《蒙特利尔议定书》未予管制的温室气体的排放的政策和措施；

（七）采取措施在运输部门限制和/或减少《蒙特利尔议定书》未予管制的温室气体排放；

（八）通过废物管理及能源的生产、运输和分配中的回收和利用限制和/或减少甲烷排放；

（b）根据《公约》第四条第2款（e）项第（一）目，同其他此类缔约方合作，以增强它们依本条通过的政策和措施的个别和合并的有效性。为此目的，这些缔约方应采取步骤分享它们关于这些政策和措施的经验并交流信息，包括设法改进这些政策和措施的可比性、透明度和有效性。作为本议定书缔约方会议的《公约》缔约方会议，应在第一届会议上或在此后一旦实际可行时，审议便利这种合作的方法，同时考虑到所有相关信息。

2. 附件一所列缔约方应分别通过国际民用航空组织和国际海事组织作出努力，谋求限制或减少航空和航海舱载燃料产生的《蒙特利尔议定书》未予管制的温室气体的排放。

3. 附件一所列缔约方应以下述方式努力履行本条中所指政策和措施，即最大限度地减少各种不利影响，包括对气候变化的不利影响、对国际贸易的影响，以及对其他缔约方尤其是发展中国家缔约方和《公约》第四条第8款和第9款中所特别指明的那些缔约方的社会、环境和经济影响，同时考虑到《公约》第三条。作为本议定书缔约方会议的《公约》缔约方会议可以酌情采取进一步行动促进本款规定的实施。

4. 作为本议定书缔约方会议的《公约》缔约方会议如断定就上述第1款（a）项中所指任何政策和措施进行协调是有益的，同时考虑到不同的国情和潜在影响，应就阐明协调这些政策和措施的方式和方法进行审议。

第三条

1. 附件一所列缔约方应个别地或共同地确保其在附件A中所列温室气体的人为二氧化碳当量排放总量不超过按照附件B中所载其量化的限制和减少排

放的承诺和根据本条的规定所计算的其分配数量,以使其在 2008 年至 2012 年承诺期内这些气体的全部排放量从 1990 年水平至少减少 5%。

2. 附件一所列每一缔约方到 2005 年时,应在履行其依本议定书规定的承诺方面作出可予证实的进展。

3. 自 1990 年以来直接由人引起的土地利用变化和林业活动——限于造林、重新造林和砍伐森林,产生的温室气体源的排放和碳吸收方面的净变化,作为每个承诺期碳贮存方面可核查的变化来衡量,应用以实现附件一所列每一缔约方依本条规定的承诺。与这些活动相关的温室气体源的排放和碳的清除,应以透明且可核查的方式作出报告,并依第七条和第八条予以审评。

4. 在作为本议定书缔约方会议的《公约》缔约方会议第一届会议之前,附件一所列每缔约方应提供数据供附属科技咨询机构审议,以便确定其 1990 年的碳贮存并能对其以后各年的碳贮存方面的变化作出估计。作为本议定书缔约方会议的《公约》缔约方会议,应在第一届会议或在其后一旦实际可行时,就涉及与农业土壤和土地利用变化和林业类各种温室气体源的排放和各种汇的清除方面变化有关的哪些因人引起的其他活动,应如何加到附件一所列缔约方的分配数量中或从中减去的方式、规则和指南作出决定,同时考虑到各种不确定性、报告的透明度、可核查性、政府间气候变化专门委员会方法学方面的工作、附属科技咨询机构根据第五条提供的咨询意见以及《公约》缔约方会议的决定。此项决定应适用于第二个和以后的承诺期。一缔约方可为其第一个承诺期这些额外的因人引起的活动选择适用此项决定,但这些活动须自 1990 年以来已经进行。

5. 其基准年或期间系根据《公约》缔约方会议第二届会议第 9/CP.2 号决定确定的、正在向市场经济过渡的附件一所列缔约方在履其本条中的承诺时应以该基准年或期间为准。正在向市场经济过渡但尚未依《公约》第十二条提交其第一次国家信息通报的附件一所列任何其他缔约方也可通知作为本议定书缔约方会议的《公约》缔约方会议它有意为履行依本条规定的承诺使用除 1990 年以外的某一历史基准年或期间。作为本议定书缔约方会议的《公约》缔约方会议应就这种通知的接受作出决定。

6. 考虑到《公约》第四条第 6 款,作为本议定书缔约方会议的《公约》缔约方会议,应允许正在向市场经济过渡的附件一所列缔约方在履行其除本条规定的那些承诺以外的承诺方面有一定程度的灵活性。

7. 在从 2008 年至 2012 年第一个量化的限制和减少排放的承诺期内,附件一所列每一缔约方的分配数量应等于在附件 B 中对附件 A 所列温室气体在

1990 年或按照上述第 5 款确定的基准年或基准期内其人为二氧化碳当量的排放总量所载的其百分比乘以 5。土地利用变化和林业对其构成 1990 年温室气体排放净源的附件一所列那些缔约方，为计算其分配数量的目的，应在它们 1990 年排放基准年或基准期计入各种源的人为二氧化碳当量排放总量减去 1990 年土地利用变化产生的各种汇的清除。

8. 附件一所列任一缔约方，为上述第 7 款所指计算的目的，可使用 1995 年作为其氢氟碳化物、全氟化碳和六氟化硫的基准年。

9. 附件一所列缔约方对以后期间的承诺应在对本议定书附件 B 的修正中加以确定，此类修正应根据第二十一条第 7 款的规定予以通过。作为本议定书缔约方会议的《公约》缔约方会议应至少在上述第 1 款中所指第一个承诺期结束之前七年开始审议此类承诺。

10. 一缔约方根据第六条或第十七条的规定从另一缔约方获得的任何减少排放单位或一个分配数量的任何部分，应计入获得缔约方的分配数量。

11. 一缔约方根据第六条和第十七条的规定转让给另一缔约方的任何减少排放单位或一个分配数量的任何部分，应从转让缔约方的分配数量中减去。

12. 一缔约方根据第十二条的规定从另一缔约方获得的任何经证明的减少排放，应记入获得缔约方的分配数量。

13. 如附件一所列一缔约方在一承诺期内的排放少于其依本条确定的分配数量，此种差额，应该缔约方要求，应记入该缔约方以后的承诺期的分配数量。

14. 附件一所列每一缔约方应以下述方式努力履行上述第一款的承诺，即最大限度地减少对发展中国家缔约方、尤其是《公约》第四条第 8 款和第 9 款所特别指明的那些缔约方不利的社会、环境和经济影响。依照《公约》缔约方会议关于履行这些条款的相关决定，作为本议定书缔约方会议的《公约》缔约方会议，应在第一届会议上审议可采取何种必要行动以尽量减少气候变化的不利后果和/或对应措施对上述条款中所指缔约方的影响。须予审议的问题应包括资金筹措、保险和技术转让。

第四条

1. 凡订立协定共同履行其依第三条规定的承诺的附件一所列任何缔约方，只要其依附件 A 中所列温室气体的合并的人为二氧化碳当量排放总量不超过附件 B 中所载根据其量化的限制和减少排放的承诺和根据第三条规定所计算的分配数量，就应被视为履行了这些承诺。分配给该协定每一缔约方的各自排放水平应载明于该协定。

2. 任何此类协定的各缔约方应在它们交存批准、接受或核准本议定书或加入本议定书之日将该协定内容通知秘书处。其后秘书处应将该协定内容通知《公约》缔约方和签署方。

3. 任何此类协定应在第三条第 7 款所指承诺期的持续期间内继续实施。

4. 如缔约方在一区域经济一体化组织的框架内并与该组织一起共同行事，该组织的组成在本议定书通过后的任何变动不应影响依本议定书规定的现有承诺。该组织在组成上的任何变动只应适用于那些继该变动后通过的依第三条规定的承诺。

5. 一旦该协定的各缔约方未能达到它们的总的合并减少排放水平，此类协定的每一缔约方应对该协定中载明的其自身的排放水平负责。

6. 如缔约方在一个本身为议定书缔约方的区域经济一体化组织的框架内并与该组织一起共同行事，该区域经济一体化组织的每一成员国单独地并与按照第二十四条行事的区域经济一体化组织一起，如未能达到总的合并减少排放水平，则应对依本条所通知的其排放水平负责。

第五条

1. 附件一所列每一缔约方，应在不迟于第一个承诺期开始前一年，确立一个估算《蒙特利尔议定书》未予管制的所有温室气体的各种源的人为排放和各种汇的清除的国家体系。应体现下述第 2 款所指方法学的此类国家体系的指南，应由作为本议定书缔约方会议的《公约》缔约方会议第一届会议予以决定。

2. 估算《蒙特利尔议定书》未予管制的所有温室气体的各种源的人为排放和各种汇的清除的方法学。如不使用这种方法学，则应根据作为本议定书缔约方会议的《公约》缔约方会议第一届会议所议定的方法学作出适当调整。作为本议定书缔约方会议的《公约》缔约方会议，除其它外，应基于政府间气候变化专门委员会的工作和附属科技咨询机构提供的咨询意见，定期审评和酌情修订这些方法学和作出调整，同时充分考虑到《公约》缔约方会议作出的任何有关决定。对方法学的任何修订或调整，应只用于为了在继该修订后通过的任何承诺期内确定依第三条规定的承诺的遵守情况。

3. 用以计算附件 A 所列温室气体的各种源的人为排放和各种汇的清除的全球升温潜能值，应是由政府间气候变化专门委员会所接受并经《公约》缔约方会议第三届会议所议定者。作为本议定书缔约方会议的《公约》缔约方会议，定期审评和酌情修订每种此类温室气体的全球升温潜能值，同时充分考虑到《公约》缔约方会议作出的任何有关决定。对全球升温潜能值的任何修订，应只适用于继该修订后所通过的任何承诺期依第三条规定的承诺。

第六条

1. 为履行第三条的承诺的目的，附件一所列任一缔约方可以向任何其它此类缔约方转让或从它们获得由任何经济部门旨在减少温室气体的各种源的人为排放或增强各种汇的人为清除的项目所产生的减少排放单位，但：

（a）任何此类项目须经有关缔约方批准；

（b）任何此类项目须能减少源的排放，或增强汇的清除，这一减少或增强对任何以其它方式发生的减少或增强是额外的；

（c）缔约方如果不遵守其依第五条和第七条规定的义务，则不可以获得任何减少排放单位；

（d）减少排放单位的获得应是对为履行依第三条规定的承诺而采取的本国行动的补充。

2. 作为本议定书缔约方会议的《公约》缔约方会议，可在第一届会议或在其后一旦实际可行时，为履行本条、包括为核查和报告进一步制订指南。

3. 附件一所列一缔约方可以授权法律实体在该缔约方的负责下参加可导致依本条产生、转让或获得减少排放单位的行动。

4. 如依第八条的有关规定查明附件一所列一缔约方履行本条所指的要求有问题，减少排放单位的转让和获得在查明问题后可继续进行，但在任何遵守问题获得解决之前，一缔约方不可使用任何减少排放单位来履行其依第三条的承诺。

第七条

1. 附件一所列每一缔约方应在其根据《公约》缔约方会议的相关决定提交的《蒙特利尔议定书》未予管制的温室气体的各种源的人为排放和各种汇的清除的年度清单内，载列将根据下述第4款确定的为确保遵守第三条的目的而必要的补充信息。

2. 附件一所列每一缔约方应在其依《公约》第十二条提交的国家信息通报中载列根据下述第4款确定的必要的补充信息，以示其遵守本议定书所规定承诺的情况。

3. 附件一所列每一缔约方应自本议定书对其生效后的承诺期第一年根据《公约》提交第一次清单始，每年提交上述第1款所要求的信息。每一此类缔约方应提交上述第2款所要求的信息，作为在本议定书对其生效后和在依下述第4款规定通过指南后应提交的第一次国家信息通报的一部分。其后提交本条所要求的信息的频度，应由作为本议定书缔约方会议的《公约》缔约方会议予以确定，同时考虑到《公约》缔约方会议就提交国家信息通报所决定的任何时间表。

4. 作为本议定书缔约方会议的《公约》缔约方会议，应在第一届会议上通过并在其后定期审评编制本条所要求信息的指南，同时考虑到《公约》缔约方会议通过的附件一所列缔约方编制国家信息通报的指南。作为本议定书缔约方会议的《公约》缔约方会议，还应在第一个承诺期之前就计算分配数量的方式作出决定。

第八条

1. 附件一所列每一缔约方依第七条提交的国家信息通报，应由专家审评组根据《公约》缔约方会议相关决定并依照作为本议定书缔约方会议的《公约》缔约方会议依下述第 4 款为此目的所通过的指南予以审评。附件一所列每一缔约方依第七条第 1 款提交的信息，应作为排放清单和分配数量的年度汇编和计算的一部分予以审评。此外，附件一所列每一缔约方依第七条第 2 款提交的信息，应作为信息通报审评的一部分予以审评。

2. 专家审评组应根据《公约》缔约方会议为此目的提供的指导，由秘书处进行协调，并由从《公约》缔约方和在适当情况下政府间组织提名的专家中遴选出的成员组成。

3. 审评过程应对一缔约方履行本议定书的所有方面作出彻底和全面的技术评估。专家审评组应编写一份报告提交作为本议定书缔约方会议的《公约》缔约方会议，在报告中评估该缔约方履行承诺的情况并指明在实现承诺方面任何潜在的问题以及影响实现承诺的各种因素。此类报告应由秘书处分送《公约》的所有缔约方。秘书处应列明此类报告中指明的任何履行问题，以供作为本议定书缔约方会议的《公约》缔约方会议予以进一步审议。

4. 作为本议定书缔约方会议的《公约》缔约方会议，应在第一届会议上通过并在其后定期审评关于由专家审评组审评本议定书履行情况的指南，同时考虑到《公约》缔约方会议的相关决定。

5. 作为本议定书缔约方会议的《公约》缔约方会议，应在附属履行机构并酌情在附属科技咨询机构的协助下审议：

（a）缔约方按照第七条提交的信息和按照本条进行的专家审评的报告；

（b）秘书处根据上述第 3 款列明的那些履行问题，以及缔约方提出的任何问题。

6. 根据对上述第 5 款所指信息的审议情况，作为本议定书缔约方会议的《公约》缔约方会议，应就任何事项作出为履行本议定书所要求的决定。

第九条

1. 作为本议定书缔约方会议的《公约》缔约方会议,应参照可以得到的关于气候变化及其影响的最佳科学信息和评估,以及相关的技术、社会和经济信息,定期审评本议定书。

这些审评应同依《公约》、特别是《公约》第四条第 2 款(d)项和第七条第 2 款(a)项所要求的那些相关审评进行协调。在这些审评的基础上,作为本议定书缔约方会议的《公约》缔约方会议应采取适当行动。

2. 第一次审评应在作为本议定书缔约方会议的《公约》缔约方会议第二届会议上进行,进一步的审评应定期适时进行。

第十条

所有缔约方,考虑到它们的共同但有区别的责任以及它们特殊的国家和区域发展优先顺序、目标和情况,在不对未列入附件一的缔约方引入任何新的承诺、但重申依《公约》第四条第 1 款规定的现有承诺并继续促进履行这些承诺以实现可持续发展的情况下,考虑到《公约》第四条第 3 款、第 5 款和第 7 款,应:

(a)在相关时并在可能范围内,制订符合成本效益的国家的方案以及在适当情况下区域的方案,以改进可反映每一缔约方社会经济状况的地方排放因素、活动数据和/或模式的质量,用以编制和定期更新《蒙特利尔议定书》未予管制的温室气体的各种源的人为排放和各种汇的清除的国家清单,同时采用将由《公约》缔约方会议议定的可比方法,并与《公约》缔约方会议通过的国家信息通报编制指南相一致;

(b)制订、执行、公布和定期更新载有减缓气候变化措施和有利于充分适应气候变化措施的国家的方案以及在适当情况下区域的方案:

(一)此类方案,除其它外,将涉及能源、运输和工业部门以及农业、林业和废物管理。此外,旨在改进地区规划的适应技术和方法也可改善对气候变化的适应;

(二)附件一所列缔约方应根据第七条提交依本议定书采取的行动、包括国家方案的信息;其它缔约方应努力酌情在它们的国家信息通报中列入载有缔约方认为有助于对付气候变化及其不利影响的措施、包括减缓温室气体排放的增加以及增强汇和汇的清除、能力建设和适应措施的方案的信息;

(c)合作促进有效方式用以开发、应用和传播与气候变化有关的有益于环境的技术、专有技术、做法和过程,并采取一切实际步骤促进、便利和酌情资助将此类技术、专有技术、做法和过程特别转让给发展中国家或使它们有机会获得，包括制订政策和方案，以便利有效转让公有或公共支配的有益于环境的技术，并为私有部门创造有利环境以促进和增进转让和获得有益于环境的技术；

（d）在科学技术研究方面进行合作，促进维持和发展有系统的观测系统并发展数据库，以减少与气候系统相关的不确定性、气候变化的不利影响和各种应对战略的经济和社会后果，并促进发展和加强本国能力以参与国际及政府间关于研究和系统观测方面的努力、方案和网络，同时考虑到《公约》第五条；

（e）在国际一级合作并酌情利用现有机构，促进拟订和实施教育及培训方案，包括加强本国能力建设，特别是加强人才和机构能力、交流或调派人员培训这一领域的专家，尤其是培训发展中国家的专家，并在国家一级促进公众意识和促进公众获得有关气候变化的信息。应发展适当方式通过《公约》的相关机构实施这些活动，同时考虑到《公约》第六条；

（f）根据《公约》缔约方会议的相关决定，在国家信息通报中列入按照本条进行的方案和活动；

（g）在履行依本条规定的承诺方面，充分考虑到《公约》第四条第 8 款。

第十一条

1. 在履行第十条方面，缔约方应考虑到《公约》第四条第 4 款、第 5 款、第 7 款、第 8 款和第 9 款的规定。

2. 在履行《公约》第四条第 1 款的范围内，根据《公约》第四条第 3 款和第十一条的规定，并通过受托经营《公约》资金机制的实体，《公约》附件二所列发达国家缔约方和其它发达缔约方应：

（a）提供新的和额外的资金，以支付经议定的发展中国家为促进履行第十条（a）项所述《公约》第四条第 1 款（a）项规定的现有承诺而招致的全部费用；

（b）并提供发展中国家缔约方所需要的资金，包括技术转让的资金，以支付经议定的为促进履行第十条所述依《公约》第四条第 1 款规定的现有承诺并经一发展中国家缔约方与《公约》第十一条所指那个或那些国际实体根据该条议定的全部增加费用。

这些现有承诺的履行应考虑到资金流量应充足和可以预测的必要性，以及发达国家缔约方间适当分摊负担的重要性。《公约》缔约方会议相关决定中对受托经营《公约》资金机制的实体所作的指导，包括本议定书通过之前议定的那些指导，应比照适用于本款的规定。

3.《公约》附件二所列发达国家缔约方和其它发达缔约方也可以通过双边、区域和其它多边渠道提供并由发展中国家缔约方获取履行第十条的资金。

第十二条

1. 兹此确定一种清洁发展机制。

2. 清洁发展机制的目的是协助未列入附件一的缔约方实现可持续发展和有益于《公约》的最终目标，并协助附件一所列缔约方实现遵守第三条规定的其量化的限制和减少排放的承诺。

3. 依清洁发展机制：

（a）未列入附件一的缔约方将获益于产生经证明的减少排放的项目活动；

（b）附件一所列缔约方可以利用通过此种项目活动获得的经证明的减少排放，促进遵守由作为本议定书缔约方会议的《公约》缔约方会议确定的依第三条规定的其量化的限制和减少排放的承诺之一部分。

4. 清洁发展机制应置于由作为本议定书缔约方会议的《公约》缔约方会议的权力和指导之下，并由清洁发展机制的执行理事会监督。

5. 每一项目活动所产生的减少排放，须经作为本议定书缔约方会议的《公约》缔约方会议指定的经营实体根据以下各项作出证明：

（a）经每一有关缔约方批准的自愿参加；

（b）与减缓气候变化相关的实际的、可测量的和长期的效益；

（c）减少排放对于在没有进行经证明的项目活动的情况下产生的任何减少排放而言是额外的。

6. 如有必要，清洁发展机制应协助安排经证明的项目活动的筹资。

7. 作为本议定书缔约方会议的《公约》缔约方会议，应在第一届会议上拟订方式和程序，以期通过对项目活动的独立审计和核查，确保透明度、效率和可靠性。

8. 作为本议定书缔约方会议的《公约》缔约方会议，应确保经证明的项目活动所产生的部分收益用于支付行政开支和协助特别易受气候变化不利影响的发展中国家缔约方支付适应费用。

9. 对于清洁发展机制的参与，包括对上述第3款（a）项所指的活动及获得经证明的减少排放的参与，可包括私有和/或公有实体，并须遵守清洁发展机制执行理事会可能提出的任何指导。

10. 在自2000年起至第一个承诺期开始这段时期内所获得的经证明的减少排放，可用以协助在第一个承诺期内的遵约。

第十三条

1.《公约》缔约方会议《公约》的最高机构，应作为本议定书缔约方会议。

2. 非为本议定书缔约方的《公约》缔约方，可作为观察员参加作为本议定书缔约方会议的《公约》缔约方会议任何届会的议事工作。在《公约》缔约方会议作为本议定书缔约方会议行使职能时，在本议定书之下的决定只应由为本议定书缔约方者作出。

3. 在《公约》缔约方会议作为本议定书缔约方会议行使职能时，《公约》缔约方会议主席团中代表《公约》缔约方但在当时非为本议定书缔约方的任何成员，应由本议定书缔约方从本议定书缔约方中选出的另一成员替换。

4. 作为本议定书缔约方会议的《公约》缔约方会议，应定期审评本议定书的履行情况，并应在其权限内作出为促进本议定书有效履行所必要的决定。缔约方会议应履行本议定书赋予它的职能，并应：

（a）基于依本议定书的规定向它提供的所有信息，评估缔约方履行本议定书的情况及根据本议定书采取的措施的总体影响，尤其是环境、经济、社会的影响及其累积的影响，以及在实现《公约》目标方面取得进展的程度；

（b）根据《公约》的目标、在履行中获得的经验及科学技术知识的发展，定期审查本议定书规定的缔约方义务，同时适当顾及《公约》第四条第 2 款（d）项和第七条第 2 款所要求的任何审评，并在此方面审议和通过关于本议定书履行情况的定期报告；

（c）促进和便利就各缔约方为对付气候变化及其影响而采取的措施进行信息交流，同时考虑到缔约方的有差别的情况、责任和能力，以及它们各自依本议定书规定的承诺；

（d）应两个或更多缔约方的要求，便利将这些缔约方为对付气候变化及其影响而采取的措施加以协调；

（e）依照《公约》的目标和本议定书的规定，并充分考虑到《公约》缔约方会议的相关决定，促进和指导发展和定期改进由作为本议定书缔约方会议的《公约》缔约方会议议定的、旨在有效履行本议定书的可比较的方法学；

（f）就任何事项作出为履行本议定书所必需的建议；

（g）根据第十一条第 2 款，设法动员额外的资金；

（h）设立为履行本议定书而被认为必要的附属机构；

（i）酌情寻求和利用各主管国际组织和政府间及非政府机构提供的服务、合作和信息；

（j）行使为履行本议定书所需的其它职能，并审议《公约》缔约方会议的决定所导致的任何任务。

5.《公约》缔约方会议的议事规则和依《公约》规定采用的财务规则，应在本议定书下比照适用，除非作为本议定书缔约方会议的《公约》缔约方会议以协商一致方式可能另外作出决定。

6. 作为本议定书缔约方会议的《公约》缔约方会议第一届会议，应由秘书处结合本议定书生效后预定举行的《公约》缔约方会议第一届会议召开。其后作为本议定书缔约方会议的《公约》缔约方会议常会，应每年并且与《公约》缔约方会议常会结合举行，除非作为本议定书缔约方会议的《公约》缔约方会议另有决定。

7. 作为本议定书缔约方会议的《公约》缔约方会议的特别会议，应在作为本议定书缔约方会议的《公约》缔约方会议认为必要的其它时间举行，或应任何缔约方的书面要求而举行，但须在秘书处将该要求转达给各缔约方后六个月内得到至少三分之一缔约方的支持。

8. 联合国及其专门机构和国际原子能机构，以及它们的非为《公约》缔约方的成员国或观察员，均可派代表作为观察员出席作为本议定书缔约方会议的《公约》缔约方会议的各届会议。任何在本议定书所涉事项上具备资格的团体或机构，无论是国家或国际的、政府或非政府的，经通知秘书处其愿意派代表作为观察员出席作为本议定书缔约方会议的《公约》缔约方会议的某届会议，均可予以接纳，除非出席的缔约方至少三分之一反对。观察员的接纳和参加应遵循上述第 5 款所指的议事规则。

第十四条

1. 依《公约》第八条设立的秘书处，应作为本议定书的秘书处。

2. 关于秘书处职能的《公约》第八条第 2 款和关于就秘书处行使职能作出的安排的《公约》第八条第 3 款，应比照适用于本议定书。秘书处还应行使本议定书所赋予它的职能。

第十五条

1.《公约》第九条和第十条设立的附属科技咨询机构和附属履行机构，应作为本议定书的附属科技咨询机构和附属履行机构。《公约》关于该两个机构行使职能的规定应比照适用于本议定书。本议定书的附属科技咨询机构和附属履行机构的届会，应分别与《公约》的附属科技咨询机构和附属履行机构的会议结合举行。

2. 非为本议定书缔约方的《公约》缔约方可作为观察员参加附属机构任何届会的议事工作。在附属机构作为本议定书附属机构时，在本议定书之下的决定只应由本议定书缔约方作出。

3. 《公约》第九条和第十条设立的附属机构行使它们的职能处理涉及本议定书的事项时，附属机构主席团中代表《公约》缔约方但在当时非为本议定书缔约方的任何成员，应由本议定书缔约方从本议定书缔约方中选出的另一成员替换。

第十六条

作为本议定书缔约方会议的《公约》缔约方会议，应参照《公约》缔约方会议可能作出的任何有关决定，在一旦实际可行时审议对本议定书适用并酌情修改《公约》第十三条所指的多边协商程序。适用于本议定书的任何多边协商程序的运作不应损害依第十八条所设立的程序和机制。

第十七条

《公约》缔约方会议应就排放贸易，特别是其核查、报告和责任确定相关的原则、方式、规则和指南。为履行其依第三条规定的承诺的目的，附件 B 所列缔约方可以参与排放贸易。

任何此种贸易应是对为实现该条规定的量化的限制和减少排放的承诺之目的而采取的本国行动的补充。

第十八条

作为本议定书缔约方会议的《公约》缔约方会议，应在第一届会议上通过适当且有效的程序和机制，用以继定和处理不遵守本议定书规定的情势，包括就后果列出一个示意性清单，同时考虑到不遵守的原因、类别、程度和频度。依本条可引起具拘束性后果的任何程序和机制应以本议定书修正案的方式予以通过。

第十九条

《公约》第十四条的规定应比照适用于本议定书。

第二十条

1. 任何缔约方均可对本议定书提出修正。

2. 对本议定书的修正应在作为本议定书缔约方会议的《公约》缔约方会议常会上通过。对本议定书提出的任何修正案文，应由秘书处在拟议通过该修正的会议之前至少六个月送交各缔约方。秘书处还应将提出的修正送交《公约》的缔约方和签署方，并送交保存人以供参考。

3. 各缔约方应尽一切努力以协商一致方式就对本议定书提出的任何修正达成协议。如为谋求协商一致已尽一切努力但仍未达成协议，作为最后的方式，该项修正应以出席会议并参加表决的缔约方四分之三多数票通过。通过的修正应由秘书处送交保存人，再由保存人转送所有缔约方供其接受。

4. 对修正的接受文书应交存于保存人，按照上述第 3 款通过的修正，应于保存人收到本议定书至少四分之三缔约方的接受文书之日后第九十天起对接受该项修正的缔约方生效。

5. 对于任何其它缔约方，修正应在该缔约方向保存人交存其接受该项修正的文书之日后第九十天起对其生效。

第二十一条

1. 本议定书的附件应构成本议定书的组成部分，除非另有明文规定，凡提及本议定书时即同时提及其任何附件。本议定书生效后通过的任何附件，应限于清单、表格和属于科学、技术、程序或行政性质的任何其它说明性材料。

2. 任何缔约方可对本议定书提出附件提案并可对本议定书的附件提出修正。

3. 本议定书的附件和对本议定书附件的修正应在作为本议定书缔约方会议的《公约》缔约方会议的常会上通过。提出的任何附件或对该附件的修正的案文应由秘书处在拟议通过该项附件或对该附件的修正的会议之前至少六个月送交各缔约方。秘书处还应将提出的任何附件或对附件的任何修正的案文送交《公约》缔约方和签署方，并送交保存人以供参考。

4. 各缔约方应尽一切努力以协商一致方式就提出的任何附件或对附件的修正达成协议。如为谋求协商一致已尽一切努力但仍未达成协议，作为最后的方式，该项附件或对附件的修正应以出席会议并参加表决的缔约方四分之三多数票通过。通过的附件或对附件的修正应由秘书处送交保存人，再由保存人送交所有缔约方供其接受。

5. 除附件 A 和附件 B 之外，根据上述第 3 款和第 4 款通过的附件或对附件的修正，应于保存人向本议定书的所有缔约方发出关于通过该附件或通过对该附件的修正的通知之日起六个月后对所有缔约方生效，但在此期间书面通知保存人不接受该项附件或对该附件的修正的缔约方除外。对于撤回其不接受通知的缔约方，该项附件或对该附件的修正应自保存人收到撤回通知之日后第九十天起对其生效。

6. 如附件或对附件的修正的通过涉及对本议定书的修正，则该附件或对附件的修正应待对本议定书的修正生效之后方可生效。

7. 对本议定书附件 A 和附件 B 的修正应根据第二十条中规定的程序予以通过并生效，但对附件 B 的任何修正只应以有关缔约方书面同意的方式通过。

第二十二条

1. 除下述第 2 款所规定外，每一缔约方应有一票表决权。

2. 区域经济一体化组织在其权限内的事项上应行使票数与其作为本议定书缔约方的成员国数目相同的表决权。如果一个此类组织的任一成员国行使自己的表决权，则该组织不得行使表决权，反之亦然。

第二十三条

联合国秘书长应为本议定书的保存人。

第二十四条

1. 本议定书应开放供属于《公约》缔约方的各国和区域经济一体化组织签署并须经其批准、接受或核准。本议定书应自 1998 年 3 月 16 日至 1999 年 3 月 15 日在纽约联合国总部开放供签署。本议定书应自其签署截止日之次日起开放供加入。批准、接受、核准或加入的文书应交存于保存人。

2. 任何成为本议定书缔约方而其成员国均非缔约方的区域经济一体化组织应受本议定书各项义务的约束。如果此类组织的一个或多个成员国为本议定书的缔约方，该组织及其成员国应决定各自在履行本议定书义务方面的责任。在此种情况下，该组织及其成员国无权同时行使本议定书规定的权利。

3. 区域经济一体化组织应在其批准、接受、核准或加入的文书中声明其在本议定书所规定事项上的权限。这些组织还应将其权限范围的任何重大变更通知保存人，再由保存人通知各缔约方。

第二十五条

1. 本议定书应在不少于五十五个《公约》缔约方、包括其合计的二氧化碳排放量至少占附件一所列缔约方 1990 年二氧化碳排放总量的 55% 的附件一所列缔约方已经交存其批准、接受、核准或加入的文书之日后第九十天起生效。

2. 为本条的目的，"附件一所列缔约方 1990 年二氧化碳排放总量"指在通过本议定书之日或之前附件一所列缔约方在其按照《公约》第十二条提交的第一次国家信息通报中通报的数量。

3. 对于在上述第 1 款中规定的生效条件达到之后批准、接受、核准或加入本议定书的每一国家或区域经济一体化组织，本议定书应自其批准、接受、核准或加入的文书交存之日后第九十天起生效。

4. 为本条的目的，区域经济一体化组织交存的任何文书，不应被视为该组织成员国所交存文书之外的额外文书。

第二十六条

对本议定书不得作任何保留。

第二十七条

1. 自本议定书对一缔约方生效之日起三年后，该缔约方可随时向保存人发出书面通知退出本议定书。

2. 任何此种退出应自保存人收到退出通知之日起一年期满时生效，或在退出通知中所述明的变更后日期生效。

3. 退出《公约》的任何缔约方，应被视为亦退出本议定书。

第二十八条

本议定书正本应交存于联合国秘书长，其阿拉伯文、中文、英文、法文、俄文和西班牙文文本同等作准。

1997 年 12 月 11 日订于京都。

附录 2　上海市碳排放管理试行办法

（2013 年 11 月 18 日上海市人民政府令第 10 号公布）

第一章　总则

第一条（目的和依据）

为了推动企业履行碳排放控制责任，实现本市碳排放控制目标，规范本市碳排放相关管理活动，推进本市碳排放交易市场健康发展，根据国务院《"十二五"控制温室气体排放工作方案》等有关规定，结合本市实际，制定本办法。

第二条（适用范围）

本办法适用于本市行政区域内碳排放配额的分配、清缴、交易以及碳排放监测、报告、核查、审定等相关管理活动。

第三条（管理部门）

市发展改革部门是本市碳排放管理工作的主管部门，负责对本市碳排放管理工作进行综合协调、组织实施和监督保障。

本市经济信息化、建设交通、商务、交通港口、旅游、金融、统计、质量技监、财政、国资等部门按照各自职责，协同实施本办法。

本办法规定的行政处罚职责，由市发展改革部门委托上海市节能监察中心履行。

第四条（宣传培训）

市发展改革部门及相关部门应当加强碳排放管理的宣传、培训，鼓励企事业单位和社会组织参与碳排放控制活动。

第二章　配额管理

第五条（配额管理制度）

本市建立碳排放配额管理制度。年度碳排放量达到规定规模的排放单位，纳入配额管理；其他排放单位可以向市发展改革部门申请纳入配额管理。

纳入配额管理的行业范围以及排放单位的碳排放规模的确定和调整，由市发展改革部门会同相关行业主管部门拟订，并报市政府批准。纳入配额管理的排放单位名单由市发展改革部门公布。

第六条（总量控制）

本市碳排放配额总量根据国家控制温室气体排放的约束性指标，结合本市经济增长目标和合理控制能源消费总量目标予以确定。

纳入配额管理的单位应当根据本单位的碳排放配额，控制自身碳排放总量，并履行碳排放控制、监测、报告和配额清缴责任。

第七条（分配方案）

市发展改革部门应当会同相关部门制定本市碳排放配额分配方案，明确配额分配的原则、方法以及流程等事项，并报市政府批准。

配额分配方案制定过程中，应当听取纳入配额管理的单位、有关专家及社会组织的意见。

第八条（配额确定）

市发展改革部门应当综合考虑纳入配额管理单位的碳排放历史水平、行业特点以及先期节能减排行动等因素，采取历史排放法、基准线法等方法，确定各单位的碳排放配额。

第九条（配额分配）

市发展改革部门应当根据本市碳排放控制目标以及工作部署，采取免费或者有偿的方式，通过配额登记注册系统，向纳入配额管理的单位分配配额。

第十条（配额承继）

纳入配额管理的单位合并的，其配额及相应的权利义务由合并后存续的单位或者新设的单位承继。

纳入配额管理的单位分立的，应当依据排放设施的归属，制定合理的配额分拆方案，并报市发展改革部门。其配额及相应的权利义务，由分立后拥有排放设施的单位承继。

第三章　碳排放核查与配额清缴

第十一条（监测制度）

纳入配额管理的单位应当于每年 12 月 31 日前，制定下一年度碳排放监测计划，明确监测范围、监测方式、频次、责任人员等内容，并报市发展改革部门。

纳入配额管理的单位应当加强能源计量管理，严格依据监测计划实施监测。监测计划发生重大变更的，应当及时向市发展改革部门报告。

第十二条（报告制度）

纳入配额管理的单位应当于每年 3 月 31 日前，编制本单位上一年度碳排放报告，并报市发展改革部门。

年度碳排放量在 1 万吨以上但尚未纳入配额管理的排放单位应当于每年 3 月 31 日前，向市发展改革部门报送上一年度碳排放报告。

提交碳排放报告的单位应当对所报数据和信息的真实性、完整性负责。

第十三条（碳排放核查制度）

本市建立碳排放核查制度，由第三方机构对纳入配额管理单位提交的碳排放报告进行核查，并于每年 4 月 30 日前，向市发展改革部门提交核查报告。市发展改革部门可以委托第三方机构进行核查；根据本市碳排放管理的工作部署，也可以由纳入配额管理的单位委托第三方机构核查。

在核查过程中，纳入配额管理的单位应当配合第三方机构开展工作，如实提供有关文件和资料。第三方机构及其工作人员应当遵守国家和本市相关规定，独立、公正地开展碳排放核查工作。

第三方机构应当对核查报告的规范性、真实性和准确性负责，并对被核查单位的商业秘密和碳排放数据负有保密义务。

第十四条（第三方机构管理）

市发展改革部门应当建立与碳排放核查工作相适应的第三方机构备案管理制度和核查工作规则，建立向社会公开的第三方机构名录，并对第三方机构及其碳排放核查工作加强监督管理。

第十五条（年度碳排放量的审定）

市发展改革部门应当自收到第三方机构出具的核查报告之日起 30 日内，依据核查报告，结合碳排放报告，审定年度碳排放量，并将审定结果通知纳入配额管理的单位。碳排放报告以及核查、审定情况由市发展改革部门抄送相关部门。

有下列情形之一的，市发展改革部门应当组织对纳入配额管理的单位进行复查并审定年度碳排放量：

（一）年度碳排放报告与核查报告中认定的年度碳排放量相差 10% 或者 10 万吨以上；

（二）年度碳排放量与前一年度碳排放量相差 20% 以上；

（三）纳入配额管理的单位对核查报告有异议，并能提供相关证明材料；

（四）其他有必要进行复查的情况。

第十六条（配额清缴）

纳入配额管理的单位应当于每年 6 月 1 日至 30 日期间，依据经市发展改革部门审定的上一年度碳排放量，通过登记系统，足额提交配额，履行清缴义务。纳入配额管理的单位用于清缴的配额，在登记系统内注销。

用于清缴的配额应当为上一年度或者此前年度配额；本单位配额不足以履行清缴义务的，可以通过交易，购买配额用于清缴。配额有结余的，可以在后续年度使用，也可以用于配额交易。

第十七条（抵销机制）

纳入配额管理的单位可以将一定比例的国家核证自愿减排量（CCER）用于配额清缴。用于清缴时，每吨国家核证自愿减排量相当于1吨碳排放配额。国家核证自愿减排量的清缴比例由市发展改革部门确定并向社会公布。

本市纳入配额管理的单位在其排放边界范围内的国家核证自愿减排量不得用于本市的配额清缴。

第十八条（关停和迁出时的清缴）

纳入配额管理的单位解散、注销、停止生产经营或者迁出本市的，应当在15日内，向市发展改革部门报告当年碳排放情况。市发展改革部门接到报告后，由第三方机构对该单位的碳排放情况进行核查，并由市发展改革部门审定当年碳排放量。

纳入配额管理的单位根据市发展改革部门的审定结论完成配额清缴义务。该单位已无偿取得的此后年度配额的50%，由市发展改革部门收回。

第四章　配额交易

第十九条（配额交易制度）

本市实行碳排放交易制度，交易标的为碳排放配额。

本市鼓励探索创新碳排放交易相关产品。

碳排放交易平台设在上海环境能源交易所（以下简称"交易所"）。

第二十条（交易规则）

交易所应当制订碳排放交易规则，明确交易参与方的条件、交易参与方的权利义务、交易程序、交易费用、异常情况处理以及纠纷处理等，报经市发展改革部门批准后由交易所公布。

交易所应当根据碳排放交易规则，制定会员管理、信息发布、结算交割以及风险控制等相关业务细则，并提交市发展改革部门备案。

第二十一条（交易参与方）

纳入配额管理的单位以及符合本市碳排放交易规则规定的其他组织和个人，可以参与配额交易活动。

第二十二条（会员交易）

交易所会员分为自营类会员和综合类会员。自营类会员可以进行自营业务；综合类会员可以进行自营业务，也可以接受委托从事代理业务。

纳入配额管理的单位作为交易所的自营类会员，并可以申请作为交易所的综合类会员。

第二十三条（交易方式）

配额交易应当采用公开竞价、协议转让以及符合国家和本市规定的其他方式进行。

第二十四条（交易价格）

碳排放配额的交易价格，由交易参与方根据市场供需关系自行确定。任何单位和个人不得采取欺诈、恶意串通或者其他方式，操纵碳排放交易价格。

第二十五条（交易信息管理）

交易所应当建立碳排放交易信息管理制度，公布交易行情、成交量、成交金额等交易信息，并及时披露可能影响市场重大变动的相关信息。

第二十六条（资金结算和配额交割）

碳排放交易资金的划付，应当通过交易所指定结算银行开设的专用账户办理。结算银行应当按照碳排放交易规则的规定，进行交易资金的管理和划付。

碳排放交易应当通过登记注册系统，实现配额交割。

第二十七条（交易费用）

交易参与方开展交易活动应当缴纳交易手续费。交易手续费标准由市价格主管部门制定。

第二十八条（风险管理）

市发展改革部门根据经济社会发展情况、碳排放控制形势等，会同有关部门采取相应调控措施，维护碳排放交易市场的稳定。

交易所应当加强碳排放交易风险管理，并建立下列风险管理制度：

（一）涨跌幅限制制度；

（二）配额最大持有量限制制度以及大户报告制度；

（三）风险警示制度；

（四）风险准备金制度；

（五）市发展改革部门明确的其他风险管理制度。

第二十九条（异常情况处理）

当交易市场出现异常情况时，交易所可以采取调整涨跌幅限制、调整交易参与方的配额最大持有量限额、暂时停止交易等紧急措施，并应当立即报告市发展改革部门。异常情况消失后，交易所应当及时取消紧急措施。

前款所称异常情况，是指在交易中发生操纵交易价格的行为或者发生不可抗拒的突发事件以及市发展改革部门明确的其他情形。

第三十条（区域交易）

本市探索建立跨区域碳排放交易市场，鼓励其他区域企业参与本市碳排放交易。

第五章　监督与保障

第三十一条（监督管理）

市发展改革部门应当对下列活动加强监督管理：

（一）纳入配额管理单位的碳排放监测、报告以及配额清缴等活动；

（二）第三方机构开展碳排放核查工作的活动；

（三）交易所开展碳排放交易、资金结算、配额交割等活动；

（四）与碳排放配额管理以及碳排放交易有关的其他活动。

市发展改革部门实施监督管理时，可以采取下列措施：

（一）对纳入配额管理单位、交易所、第三方机构等进行现场检查；

（二）询问当事人及与被调查事件有关的单位和个人；

（三）查阅、复制当事人及与被调查事件有关的单位和个人的碳排放交易记录、财务会计资料以及其他相关文件和资料。

第三十二条（登记系统）

本市建立碳排放配额登记注册系统，对碳排放配额实行统一登记。

配额的取得、转让、变更、清缴、注销等应当依法登记，并自登记日起生效。

第三十三条（交易所）

交易所应当配备专业人员，建立健全各项规章制度，加强对交易活动的风险控制和内部监督管理，并履行下列职责：

（一）为碳排放交易提供交易场所、系统设施和交易服务；

（二）组织并监督交易、结算和交割；

（三）对会员及其客户等交易参与方进行监督管理；

（四）市发展改革部门明确的其他职责。

交易所及其工作人员应当自觉遵守相关法律、法规、规章的规定，执行交易规则的各项制度，定期向市发展改革部门报告交易情况，接受市发展改革部门的指导和监督。

第三十四条（金融支持）

鼓励银行等金融机构优先为纳入配额管理的单位提供与节能减碳项目相关的融资支持，并探索碳排放配额担保融资等新型金融服务。

第三十五条（财政支持）

本市在节能减排专项资金中安排资金，支持本市碳排放管理相关能力建设活动。

第三十六条（政策支持）

纳入配额管理的单位开展节能改造、淘汰落后产能、开发利用可再生能源等，可以继续享受本市规定的节能减排专项资金支持政策。

本市支持纳入配额管理的单位优先申报国家节能减排相关扶持政策和预算内投资的资金支持项目。本市节能减排相关扶持政策，优先支持纳入配额管理的单位所申报的项目。

第六章　法律责任

第三十七条（未履行报告义务的处罚）

纳入配额管理的单位违反本办法第十二条的规定，虚报、瞒报或者拒绝履行报告义务的，由市发展改革部门责令限期改正；逾期未改正的，处以1万元以上3万元以下的罚款。

第三十八条（未按规定接受核查的处罚）

纳入配额管理的单位违反本办法第十三条第二款的规定，在第三方机构开展核查工作时提供虚假、不实的文件资料，或者隐瞒重要信息的，由市发展改革部门责令限期改正；逾期未改正的，处以1万元以上3万元以下的罚款；无理抗拒、阻碍第三方机构开展核查工作的，由市发展改革部门责令限期改正，处以3万元以上5万元以下的罚款。

第三十九条（未履行配额清缴义务的处罚）

纳入配额管理的单位未按照本办法第十六条的规定履行配额清缴义务的，由市发展改革部门责令履行配额清缴义务，并可处以5万元以上10万元以下罚款。

第四十条（行政处理措施）

纳入配额管理的单位违反本办法第十二条、第十三条第二款、第十六条的规定，除适用本办法第三十七条、第三十八条、第三十九条的规定外，市发展改革部门还可以采取以下措施：

（一）将其违法行为按照有关规定，记入该单位的信用信息记录，向工商、税务、金融等部门通报有关情况，并通过政府网站或者媒体向社会公布；

（二）取消其享受当年度及下一年度本市节能减排专项资金支持政策的资格，以及3年内参与本市节能减排先进集体和个人评比的资格；

（三）将其违法行为告知本市相关项目审批部门，并由项目审批部门对其下一年度新建固定资产投资项目节能评估报告表或者节能评估报告书不予受理。

第四十一条（第三方机构责任）

第三方机构违反本办法第十三条第三款规定，有下列情形之一的，由市发展改革部门责令限期改正，处以 3 万元以上 10 万元以下罚款：

（一）出具虚假、不实核查报告的；

（二）核查报告存在重大错误的；

（三）未经许可擅自使用或者发布被核查单位的商业秘密和碳排放信息的。

第四十二条（交易所责任）

交易所有下列行为之一的，由市发展改革部门责令限期改正，处以 1 万元以上 5 万元以下罚款：

（一）未按照规定公布交易信息的；

（二）违反规定收取交易手续费的；

（三）未建立并执行风险管理制度的；

（四）未按照规定向市发展改革部门报送有关文件、资料的。

第四十三条（行政责任）

市发展改革部门和其他有关部门的工作人员有下列行为之一的，依法给予警告、记过或者记大过处分；情节严重的，给予降级、撤职或者开除处分；构成犯罪的，依法追究刑事责任：

（一）在配额分配、碳排放核查、碳排放量审定、第三方机构管理等工作中，徇私舞弊或者谋取不正当利益的；

（二）对发现的违法行为不依法纠正、查处的；

（三）违规泄露与碳排放交易相关的保密信息，造成严重影响的；

（四）其他未依法履行监督管理职责的情形。

第七章 附则

第四十四条（名词解释）

本办法下列用语的含义：

（一）碳排放，是指二氧化碳等温室气体的直接排放和间接排放。

直接排放，是指煤炭、天然气、石油等化石能源燃烧活动和工业生产过程等产生的温室气体排放。

间接排放，是指因使用外购的电力和热力等所导致的温室气体排放。

（二）碳排放配额是指企业等在生产经营过程中排放二氧化碳等温室气体

的额度，1 吨碳排放配额（简称 SHEA）等于 1 吨二氧化碳当量（1tCO$_2$）。

（三）历史排放法，是指以纳入配额管理的单位在过去一定年度的碳排放数据为主要依据，确定其未来年度碳排放配额的方法。

基准线法，是指以纳入配额管理单位的碳排放效率基准为主要依据，确定其未来年度碳排放配额的方法。

（四）排放设施，是指具备相对独立功能的，直接或者间接排放温室气体的生产运营系统，包括生产设备、建筑物、构筑物等。

（五）排放边界，是指《上海市温室气体排放核算与报告指南》及相关行业方法规定的温室气体排放核算范围。

（六）国家核证自愿减排量，是指根据国家发展改革部门《温室气体自愿减排交易管理暂行办法》的规定，经其备案并在国家登记系统登记的自愿减排项目减排量。

本办法所称"以上""以下"，包括本数。

第四十五条（实施日期）

本办法自 2013 年 11 月 20 日起施行。

附录3 关于加强应对气候变化
统计工作的意见

为深入贯彻落实科学发展观，积极应对全球气候变化，建立和完善温室气体排放基础统计制度，加强应对气候变化统计工作，现就加强应对气候变化统计提出以下意见：

一、充分认识建立和完善应对气候变化统计的重要性和紧迫性

积极应对气候变化，是顺应当今世界发展趋势的客观需要，也是我国大力推进生态文明建设的内在要求，对于加快转变经济发展方式、推动经济结构战略性调整、促进绿色低碳发展具有重要意义。加强应对气候变化统计工作是我国积极应对全球气候变化、有效履行《联合国气候变化框架公约》的客观要求，也是确保实现我国 2020 年控制温室气体排放行动目标的重要基础。

近年来，我国能源、资源和环境等统计工作不断完善，为应对气候变化统计工作奠定了重要基础。然而，随着应对气候变化工作的不断深入，现有统计在反映气候变化状况、核算温室气体排放等方面仍存在较大的数据缺口，难以满足履行公约和开展国内相关工作的需要。加强应对气候变化统计工作迫在眉睫，各地区、各部门要充分认识建立和完善应对气候变化统计工作的重要性和紧迫性，要围绕 2015 年单位国内生产总值二氧化碳排放比 2010 年下降 17% 的目标，进一步完善温室气体排放基础统计，建立健全相关统计和调查制度，加强组织领导，健全管理体制，加大资金投入，加强能力建设，推动我国应对气候变化工作走向信息透明化、管理规范化、决策科学化。

二、总体思路和基本原则

（一）总体思路。

以邓小平理论、"三个代表"重要思想和科学发展观为指导，针对应对气候变化工作的新形势和对统计工作提出的新要求，结合我国的基本国情和现有统计基础，科学设置反映气候变化特征和应对气候变化状况的统计指标，综合反映我国应对气候变化的努力和成效，建立健全覆盖能源活动、工业生产过程、农业、林业、废弃物处理等领域的温室气体基础统计和调查制度，改善温室气体清单编制和排放核算的统计支撑，不断提高应对气候变化统计能力，为建立我国控制温室气体排放的目标责任和评价考核制度，推动建立公平合理的国际"可测量、可报告和可核实"制度奠定坚实的基础。

（二）基本原则。

坚持系统设计、内涵科学原则。应对气候变化是一项科学性很强的系统工程，涉及经济、政治、文化、社会各个方面。统计指标既要概念清晰、内涵明确，又要覆盖各个相关领域，全面反映我国应对气候变化工作。

坚持导向性和可行性相结合原则。积极应对气候变化是加快建设两型社会，推进生态文明建设的重要组成部分。统计指标体系的构建既要体现国家战略意图、强化控制温室气体排放政策导向，又要与相关约束性指标相衔接，具有较强的可操作性。

坚持立足当前与着眼长远原则。应对气候变化需要统筹考虑国内和国际、当前和长远。统计指标体系的构建既要从现有相关指标出发，满足当前应对气候变化工作需要，又要适应未来需要和国际比较，并可以适时充实完善。

坚持全面落实与突出重点原则。根据温室气体清单编制和考核工作总体要求，进一步完善相关统计报表制度，改进统计数据汇总方式，逐步建立完善温室气体排放基础统计制度，加强相关机构和企业的统计能力建设。

三、建立应对气候变化统计指标体系

应对气候变化统计指标体系，包括气候变化及影响、适应气候变化、控制温室气体排放、应对气候变化的资金投入以及应对气候变化相关管理等 5 大类，涵盖 19 个小类、36 项指标。

（一）气候变化及影响类指标。

气候变化及影响指标用于反映气候变化状况及其主要影响，包括温室气体浓度、气候变化及气候变化影响等 3 小类，二氧化碳浓度、各省（区、市）年平均气温、各省（区、市）平均年降水量、全国沿海各省海平面较上年变化、洪涝干旱农作物受灾面积、气象灾害引发的直接经济损失等 6 项指标。

（二）适应气候变化类指标。

适应气候变化指标涵盖 4 小类，主要反映农业、林业、水资源、海岸带适应气候变化的现状与努力，包括：保护性耕作面积、新增草原改良面积、新增沙化土地治理面积、农业灌溉用水有效利用系数、节水灌溉面积、近岸及海岸湿地面积等 6 项指标。

（三）控制温室气体排放类指标。

控制温室气体排放指标主要反映我国在控制温室气体排放方面的目标与行动，主要包括综合、温室气体排放、调整产业结构、节约能源与提高能效、发展非化石能源、增加森林碳汇、控制工业、农业等部门温室气体排放7小类共16项指标。

综合指标为单位国内生产总值二氧化碳排放降低率。

温室气体排放指标包括：温室气体排放总量、分领域温室气体排放量（能源活动、工业生产过程、农业、土地利用变化和林业、废弃物处理等5个领域温室气体排放量）等2项。

调整产业结构指标包括：第三产业增加值占GDP的比重、战略性新兴产业增加值占GDP的比重等2项。

节约能源与提高能效指标包括：单位GDP能源消耗降低率、规模以上单位工业增加值能耗降低率、单位建筑面积能耗降低率等3项。

发展非化石能源指标为非化石能源占一次能源消费比重。

增加森林碳汇指标包括：森林覆盖率、森林蓄积量、新增森林面积等3项。

控制工业、农业等部门温室气体排放指标包括：水泥原料配料中废物替代比、废钢入炉比、测土配方施肥面积、沼气年产气量等4项。

（四）应对气候变化资金投入指标。

应对气候变化资金投入指标涵盖4小类，主要从科技、适应、减缓、其他等方面反映我国应对气候变化的中央财政资金投入情况，包括应对气候变化科学研究投入、大江大河防洪工程建设投入、节能投入、发展非化石能源投入、增加森林碳汇投入、温室气体排放统计、核算和考核及其能力建设投入等6项指标。

（五）应对气候变化相关管理指标。

应对气候变化相关管理指标主要从计量、标准与认证等方面反映应对气候变化相关的管理制度建设情况，包括碳排放标准数量、低碳产品认证数量等2项指标。

四、完善温室气体排放基础统计

（一）完善能源统计。

1. 增加能源品种指标。

细化和增加能源统计品种指标。一是将原煤细分为烟煤、无烟煤、褐煤、其它煤炭，将其他能源细分为煤矸石、废热废气回收利用；二是增加可再生能源统计，可再生能源品种包括生物质固体燃料、液体燃料和气体燃料，一次能源生产中增加生物质能发电等；三是在能源加工转换中增加煤基液体燃料品种。

2. 修改完善能源平衡表。

在能源品种部分用烟煤、无烟煤、褐煤替换原煤，用煤矸石、废热废气回收利用替代其他能源，增加燃料甲醇、燃料乙醇、煤制油、秸秆、薪柴、木炭、生物气体燃料；在一次能源生产部分增加风电、太阳能发电、生物质发电、生物质液体燃料、生物质气体燃料等；在能源转换部分增加煤基液体燃料转换，在终端消费量部分把"交通运输、仓储和邮政业"分开为"仓储和邮政业"和"交通运输业"，并增加道路运输、铁路运输、水运、航空、管道运输等细项。

3. 完善工业企业能源统计。

完善现有工业企业能源统计报表制度，改进企业能源购进、消费、库存、加工转换统计表的表式，明确区分不同用途的分品种能源消费量，包括企业非生产性能源消费量、用作原材料的能源消费量、用于交通运输设备的能源消费量，对上述不同用途的能源消费进行分类汇总。

4. 完善建筑业、服务业及公共机构能源统计。

完善建筑业、服务业企业能源消费统计，在重点企业统计报表中增加能源消费统计指标。完善公共机构能源消费及相关统计，增加分品种能源消费指标，并单列用于交通运输设备的能源消费。

5. 健全交通运输能源统计。

健全道路运输、水上运输营运企业和个体营运户能源消费统计调查制度，内容包括运输里程、客货周转量、能源消费量等指标。加强交通运输重点联系企业的能源消费监测及相关统计，增加海洋运输分国内航线和国际航线分品种的能源消费量统计。

（二）健全工业相关统计与调查。

1. 增加工业产品产量及含氟气体生产、进出口和消费统计。

在工业产品产量统计目录中增加电石、石灰、水泥熟料和己二酸产量。增加含氟气体生产、进出口及消费量统计。

2. 健全高排放行业相关统计与调查。

完善煤炭生产企业矿井风排瓦斯量、煤矿瓦斯抽采量、瓦斯利用量、煤层气抽采量和利用量等数据的统计与调查。加强石油天然气勘探、生产及加工企业对事故、放空及火炬等环节的统计与调查。健全火力发电企业对分品种燃料平均收到基低位发电量及燃料平均收到基碳含量、锅炉固体未完全燃烧热损失百分率、脱硫石灰石消耗量、脱硫石灰石纯度的统计与调查。健全钢铁企业废钢入炉量、石灰石及白云石使用量、电炉电极消耗量等数据的统计与调查。

（三）完善农业相关统计与调查。

完善农田和畜牧业相关统计指标。开展一熟、二熟、三熟农田播种面积统计，水旱轮作农田的旱田播种面积专项调查。开展主要农作物特性专项调查。完善畜牧业养殖数量统计调查，开展畜牧业生产特性以及畜禽饲养粪便处理方式等专项调查。

（四）完善土地利用变化及林业相关统计与调查。

完善森林主要灾害相关统计，增加火灾损失林木蓄积量和森林病虫害损失林木蓄积量指标。结合森林资源清查，增加林地单位面积生物量、年生长量等指标的调查，并开展森林生长和固碳特性的综合调查。加强造林、采伐、林地征占与林地转化监测与统计，并按地类类型统计森林新增面积和减少面积。

（五）完善废弃物处理相关统计与调查。

增加生活垃圾填埋场填埋气处理方式、填埋气回收发电供热量以及垃圾焚烧发电供热量的统计，并选择典型城市进行垃圾成分专项调查。增加生活污水生化需氧量（BOD）排放量及去除量、污水处理过程中污泥处理方式及其处理量的统计与调查。

五、建立健全应对气候变化统计管理制度

（一）温室气体排放统计与核算体系。

在现有统计制度基础上，将温室气体排放基础统计指标纳入政府统计指标体系，建立健全与温室气体清单编制相匹配的基础统计体系。健全国家、地方以及重点企业的温室气体排放基础统计报表制度。加快构建国家、地方和重点企业的温室气体排放统计与核算体系。

（二）应对气候变化统计数据发布制度。

应对气候变化统计指标数据由国家统计局、国家发展和改革委员会以公报的形式视情择机发布。国家信息通报（含温室气体排放清单数据）将根据《联合国气候变化框架公约》的有关要求，拟在相应年份的公约缔约方大会召开前由国家发展和改革委员会向公约秘书处提交报告，并同时向社会公布。

（三）温室气体排放基础统计数据使用管理制度。

各部门根据职责分工承担本部门温室气体排放数据管理和保密义务。国家发展和改革委员会负责编制的温室气体清单，在以国家信息通报（含国家温室气体清单数据）形式提交国际社会前，应严格保密。国家统计局负责的温室气体基础统计数据和应对气候变化统计数据中未公开的数据（含其它部门提供的统计数据）在公布前应予保密。应对气候变化统计指标体系中相关数据的集中发布，不影响有关部门已有的数据发布机制。

六、保障措施落实

应对气候变化统计各项工作的顺利开展，需要明确工作责任、落实资金保障、强化能力建设。

（一）明确职责分工。

应对气候变化统计指标数据收集与评估由国家统计局负责；温室气体排放基础统计工作，由国家统计局、国家发展和改革委员会负责；温室气体排放核算工作，由国家发展和改革委员会、国家统计局负责。国务院各有关部门应按照应对气候变化和温室气体排放统计职责分工，建立健全相关统计与调查制度，并及时向国家统计局、国家发展和改革委员会提供相关数据。各地方主管部门应参照国务院有关部门统计职责分工，确定本地区应对气候变化和温室气体排放统计职责分工，进一步完善统计与调查制度，加强协调配合。

（二）落实资金支持。

应对气候变化统计覆盖范围广，涉及机构多，需要统计和调查的信息量大，必须有稳定和充足的资金保障。中央和地方政府要按照"十二五"规划纲要提出的"建立完善温室气体排放统计核算制度和加强气候变化统计工作"的要求，加大财政对相关统计工作的投入，确保相关统计核算工作顺利开展。

（三）加强能力建设。

做好应对气候变化统计工作，亟需加强统计机构特别是基层统计机构的能力建设。要充实温室气体排放基础统计队伍，建立负责温室气体排放统计与核算的专职工作队伍，建立健全专家队伍。要加大专业培训力度，提高从业人员的业务水平和工作能力。各有关部门要加强应对气候变化统计业务建设，加快建立统计数据信息系统，提高工作效率，提高统计数据质量。